水润同里

同里湿地自然导览

雍怡 主编

中国林業出版社
·北京·

图书在版编目（CIP）数据

水润同里：同里湿地自然导览 / 雍怡主编 . -- 北京：中国林业出版社，2020.4

ISBN 978-7-5219-0508-3

Ⅰ . ①水… Ⅱ . ①雍… Ⅲ . ①沼泽化地－国家公园－介绍－吴江 Ⅳ . ① P942.534.78

中国版本图书馆 CIP 数据核字 (2020) 第 036512 号

中国林业出版社·自然保护分社（国家公园分社）

策划编辑 肖 静

责任编辑 肖 静 何游云

出 版 中国林业出版社（100009 北京市西城区德内大街刘海胡同 7 号）

http://lycb.forestry.gov.cn 电话（010）83143577 83143574

Email forestryxj@126.com

发 行 中国林业出版社

刷 版 北京雅昌艺术印刷有限公司

版 次 2020 年 4 月第 1 版

印 次 2020 年 4 月第 1 次

开 本 710mm × 1000mm 1/16

印 张 12.75

字 数 250 千字

定 价 68.00 元

编辑委员会

成为熊猫客

序一

2020年1月，我因参加江苏省2020年“世界湿地日”启动仪式再次来到苏州吴江，这是2019年底同里国家湿地公园通过国家试点验收后，首次主办全省湿地保护重要活动，而这一届湿地日的主题“湿地与生物多样性——湿地滋润生命”，也似乎在这里得到了最生动、直观的体现。正如这本《水润同里——同里湿地自然导览》所想演绎的精髓：同里因为有水，因为有湿地，而获得了别样的自然灵性和生机魅力，它滋润着在同里湿地生活的万千自然生灵，养育着世世代代与水乡共生的当地人，也让这个曾经以“古镇”闻名的中国文化地标，又增添了自然的韵味和风采，提供给各方访客更多层次的生态和人文体验。

江苏历史悠久、人杰地灵。古越的传奇，扬州的繁华，姑苏的文雅，应天府的兴盛，都是中华历史的璀璨瑰宝。江苏是我国社会稳定、经济繁荣、开放发展、活力充沛的省份。然而这里自然资源禀赋并不优越，没有广袤的土地，地势平坦，缺少高山茂林，自然资源和生物多样性相比其他省份都较为缺乏。但丰富的湿地资源，是自然对江苏的独特馈赠，这里拥有沿海开阔滩涂，也拥有太湖流域众多丰美秀丽的湿地，更有着在千百年来人与湿地共生的关系中创造的别具江苏特色的滨海文化、水乡文化，而经济社会的繁荣和地理交通条件的优越，也让江苏成为我国探索自然资源的有效保护和合理利用，实践生态文明和“两山”理论的先锋。今天，江苏的湿地事业成就斐然，拥有世界自然遗产1处、国际重要湿地2处，省级以上湿地公园73处、湿地保护小区434处，全省自然湿地保护率达55.8%。这对于面积仅为全国1%，人口密度、人均国内生产总值（GDP）均居全国排名第一的沿海发达省份，是何等不易。

同里国家湿地公园的建设和发展，是江苏湿地保护事业的一个缩影。这里也许天资平凡，并没有特别独特的自然资源和珍稀物种，从最早为果林苗圃，到1998年成立肖甸湖森林公园，2003年转型为省级湿地公园，2013年获批国家湿地公园试点，再到2019年通过试点验收，我们见证了这片曾经默默无闻的自然湖泊，在一个锐意创新、勤勉奋进的团队的管理下，一天一天发展成为在江苏甚至在中国都体现了一定创新价值的湿地公园。这块被城市群包围的自然湿地，难能可贵地保留了淡水湖泊、淡水草本沼泽、森林沼泽、河流、库塘等多种湿地类型，也集中展示了江南水乡湖、泊、沼、泽、荡、塘、河流、永久性水稻田等湿地形态。同里的努力，也得到了大自然的认可：监测显示，公园内鸟类种数从2013年的97种增加到2019年底的204 种，具有世界级保护意义的物种青头潜鸭、卷羽鹈鹕等纷纷现身，超过全球种群1% 的罗纹鸭在这里越冬。

同里还有江苏省甚至全国湿地公园中最为热情敬业的湿地宣教团队。每一次我来到这里，都能看到讲解员们在自然课堂、杉林步道、芦苇岸边为孩子和游客们解说自然，让公园兢兢业业维护的美好湿地及其背后对人类生存发展息息相关的贡献和价值，能够被生动的语言和丰富多彩的教育活动呈现出来。这些湿地宣教活动的开展，不仅令湿地充满了活力，提升了其社会价值，也为公园的运营发展摸索出具有时代特色的路径。公园的发展还带动了当地社区的发展。公园内的肖甸湖、凌家铺和张家港村500余户村民，至今过着“房前种蔬、河边养鸭、屋后育果”的水乡生活。他们不给农作物打农药、不给果树搭鸟网、不下地笼捕鱼，但也通过参与公园管理，经营周边服务产业等方式，获得收益，实现了共赢发展。

我很高兴我们所见证的整个公园建设发展的历程，都在《水润同里》这本书中得到了凝练和生动的体现。我要感谢这本书的研发编写团队，特别是世界自然基金会（WWF）、一个地球自然基金会（OPF）所提供的专业指导，以及同里国家湿地公园团队的不懈努力。同里因水而繁盛，湿地保护的成果，也润物细无声地回馈到江苏省乃至我国湿地公园建设事业中来。保护湿地生态系统及其生物多样性，其实就是在保护我们人类生存发展和未来持续发展的根基，而湿地公园作为一种有效的湿地保护和社会参与模式，也是对我们更好地寻求人与自然和谐共生发展之路的有益探索。

江苏省林业局

2020年2月2日

序二

回想起我在 WWF 工作，推动湿地保护和环境教育事业的历程，不得不提到江苏苏州，还有同里。十多年前，我们推动成立的长江湿地保护网络蓬勃发展，越来越多的湿地公园加入到这个全国性的流域尺度保护地网络体系中来。但是，对于湿地公园这种有别于传统保护区的新型自然保护地，也成为我们工作的全新挑战。

从哪里开始尝试？很幸运的是我们得到了江苏省林业局的支持，第一次湿地公园工作坊就此落地苏州。在传统印象中以古城、水乡和园林著称的苏州市，也是当时我国唯一设有市级湿地工作站，并且拥有多达4个国家湿地公园的城市，绝对称得上是我国的湿地明星城市。三天的培训中，各种创意和脑力激荡，更重要的是，让我认识一群对湿地充满热情的伙伴们。

培训结束，同里国家湿地公园的负责人第一个找到我，并告知他们刚刚成为国家湿地公园试点单位，非常期待摸索出符合自身基础，又具有当地特色，还能为同里的文化品牌增加内涵和附加值的创新模式。

受邀第一次来到同里，这里的浓浓生机和别样景致给我留下了深刻的印象。这里作为华东地区少有的具有平原森林景观的湿地公园，让刚刚置身这片浓荫的我们，简直有些恍惚自己是不是走错了地方。而当泛舟深入湿地，在竹林俯首环绕的水道中披着点点洒金的光影，听着竹叶摇曳的沙沙声响，捕捉着不时划入眼帘的水鸟身影，我们可能想象的关于江南水乡湿地美景的所有期待，都在这里得到了印证，而自己也仿佛融入了这片湿地画卷，被水声光影滋润了身心。操着一口吴侬软语的同里人，做起事情来却是惊人的勇敢和坚韧。我意识到，湿地公园是在全新时代语境下的一种尝试：如何平衡保护和发展的关系，让资源依托型的发展能回馈保护，并通过保护的成效再反哺发展，创造出双赢的模式。而这一切，离不开对自然资源价值的解读、传播和运用推广。纵观国际经验，环境教育和环境解说是最适合发挥同里特色的方式方法。

从2014年引入国际团队开展环境解说系统规划，到游客服务中心宣教展厅和自然课堂的先后落成，2017年WWF和同里国家湿地公园签署战略合作协议，这也是《水润同里》创想的起点。此后，我和团队才真正有机会深入这片土地，理解了同里国家湿地公园团队在河道两岸保留自然护岸为生物留存通道的“爱心”，公园核心区不安装路灯而将夜晚完全还给自然的“野心”，坚持常年如一日开展水鸟等生物多样性调查的“恒心”，以及为了让湿地宣教活动更生动多彩而亲手设计制作各种鸟类手偶和教具的“匠心”。记不得有多少次，我们在这里感受朝露和夜色，难忘的是每一次工作坊或湿地实地调研过程中都感受到同里国家湿地公园团队对这片土地发自内心的热爱。因为有这些互动，才有了您在书中看到的这片湿地上发生的自然故事，春夏秋冬别样的自然景致，以及万千生灵在此竞相自由的生机画面。

恰逢此时，《国家湿地公园宣教指南》正式出版发布，如何系统、规范又不乏创意特色地开展宣教工作成为湿地公园建设发展的重要内容之一。感谢国家林业和草原局湿地管理司的指导，感谢江苏省林业局的信任和支持，感谢城市荒野、绎刻自然、萤火虫生态工作室等团队的协力合作，特别感谢世界自然基金会和一个地球自然基金会团队的伙伴们，期待我们和同里国家湿地公园共同努力的成果，能成为推动行业发展的探索范例。

2019年冬天，我们在同里召开《水润同里》正式出版前的评审会。在这个原本可能萧瑟冷清的冬日，同里湿地却生机勃勃：迁徙过境的候鸟们在此驻足停留，多样丰富的湿地植物正在蓄势待发，为来年的丰盛繁茂酝酿和积蓄着能量。阳光洒在公园游客们快乐微笑的脸上，孩子们在公园讲解员的引导下观鸟、赏景，在自然中游戏、快乐学习，而水乡的人们也在这个延续了千百年的水乡古镇中安然享受他们与自然和谐共生的水乡生活。我很幸福能有机会带领团队，借助这个项目深入感受和理解同里湿地的精彩，我更期待本书的出版，让更多热爱自然的你和我们感同身受，来到同里、爱上自然、并愿意为保护自然万物而开始行动。

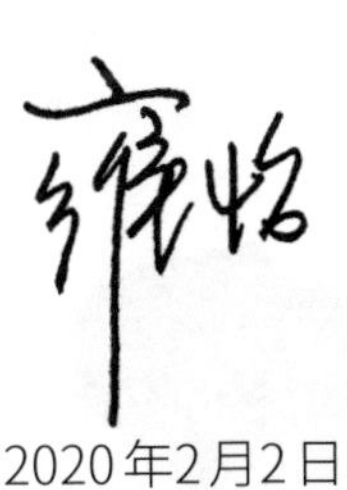

2020年2月2日

人物介绍

欢迎到湿地来做客，
请跟随我开启你的同
里湿地生态之旅吧！

小白

职业：生态讲解员

爱好：花花草草

每年我都要来同里湿
地，想知道骨灰级背
包客是怎么玩的吗？

卷卷

职业：骨灰级背包客

爱好：摄影

地标景点

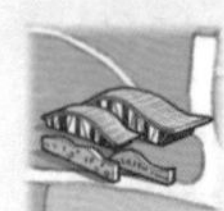

A 游客服务中心

位于湿地公园的入口，也是游客开启旅程的地方。室内的小展厅可不能错过，丰富的解说能立刻拉近你与湿地公园的距离。

B 自然课堂

位于水系环绕的银杏码头附近，凝结了湿地公园解说员们的智慧结晶，许多有意思的课程与手工作品在这里诞生，课堂很抢手。

C 米丘学术交流中心

与自然课堂相呼应，共享一座大草坪，是一座依附自然地形设计的现代建筑。中心内常设有湿地公园摄影展，也会举办不定期的主题活动。

D 肖甸湖知青艺术公社

靠近湿地公园北门，怀旧的建筑风格、场景布置和餐饮，真实还原了湿地公园的过去，以及知青生活于此的点点滴滴，仿若公园里的一座时光机。

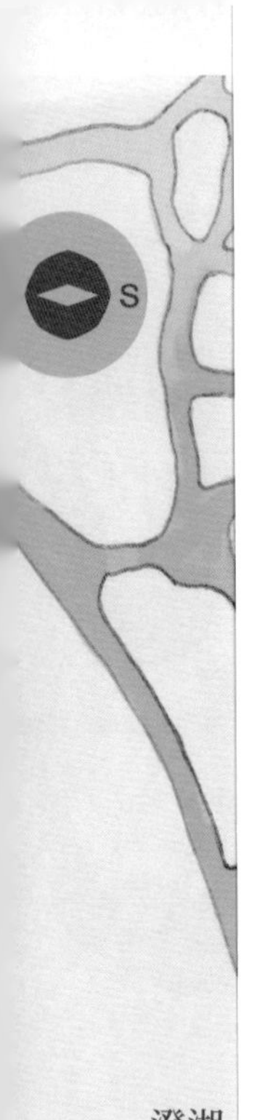

澄湖

目录
CONTENTS

第一章

因水而生

■ 湿地在同里

■ 水之世界

■ 湿地馈赠

因水而生

如果要问让太湖流域能自古绵延繁盛至今的秘诀，“水”一定是其中不可或缺的答案。千万年来，这片土地上的先民们与水相生相伴，依靠辛劳耕作、创意才情，世代相传才塑就了如今独具魅力与影响力的环太湖经济圈。

在这块充满传奇色彩的土地上，位于太湖东部的同里镇自然是一片不可忽视的代表地。同里镇所在的江苏省苏州市吴江区地处太湖流域，是一片湖泊众多、溪流广布的沼泽平原。史前时代，这里还是一片汪洋大海，没有陆地和湿地之分，直到新石器时代才逐渐形成太湖流域和内陆沼泽的初貌。据考古发现，早在7000多年前，古人就开始在同里地区沿湖而居，这里先后发现和出土过马家浜文化、

▲早春时节，蝴蝶花在同里湿地的两岸竞相开放

良渚文化及松泽文化时期的墓葬和器物。毫无疑问，同里地区丰富的湿地资源、温润的江南气候，都为先民们在此开展农耕生活，提供了天然条件。

今天的同里镇，基于其天然丰沛的湿地资源，以及苏州市的区域发展定位，依旧将“水”作为其发展蓝图中重要的板块。位于同里镇东北部的同里国家湿地公园自创建时就肩负着实现湿地保护和恢复的艰巨使命。同时，作为一个公园，还承担着向公众开展湿地宣传教育的责任。这一切是如何在同里湿地内实现的呢？希望这本书可以帮你找到答案。而作为入园的第一站，我们的故事就从这片湿地开始。

湿地在同里

从同周公路进入公园主入口，你一定不会错过矗立在道路中央的白色椭圆形镂空建筑，上面清晰地标有“同里国家湿地公园”。至此，意味着你已经正式进入公园的管辖范围了。作为一座湿地公园，湿地一定是它的特色景观。公园有哪些类型的湿地景观以及生物呢？不妨我们一起去寻找答案。

▲采蜜

小知识

什么是湿地？

通俗地说，湿地就是由水、土和生物等组成的生态系统。湿地是全球重要的生态系统之一，大到长江黄河，小到家门口的池塘溪流，都属于湿地。湿地不仅仅只分布在内陆地区，沿海的滩涂也是重要的湿地。

寻找公园初印象

沿着入园小路，穿过两座石桥，不一会儿，绿树环绕的游客服务中心便呈现在眼前。如果此刻你尝试侧耳聆听，会发现这里相较入园公路外已经安静了许多。无论是展翅天空的飞羽，还是树间清脆婉转的鸟鸣，都在告诉你，你已经从繁忙都市来到了另一片天地。

这个空间里会有什么？可以用怎样的方式去探索？欢迎你从同里国家湿地公园的游客服务中心中寻找线索。

游客服务中心

游客服务中心坐落于公园南门侧，由两座水波纹建筑组成。它不仅仅是一个提供购票服务的地方，更是公园面向游客设置的综合型交流窗口和服务平台。大厅内设有购票和讲解咨询台、寄存间、茶水间、卫生间和纪念品商店等旅游服务设施。

到同里湿地可以玩什么？这恐怕是每一个游客最关心的问题了。虽然同里国家湿地公园是面向游客开放的自然公园，但它同时也是重要的保护地，尤其是对于长江三角洲（简称长三角）这样高度城市化的地区而言，同里湿地已经成为许多野生动植物的庇护所，也是苏州地区重要的生态屏障。这意味着，这里可“玩”的项目和我们通常意义上的旅游项目有所不同。那么，同里湿地里有什么呢？可以如何设计行程呢？建议前往咨询台，获取同里湿地在当下游览时段的游玩建议；参观同里自然有故事展陈，了解公园当月的特色景致和园内动植物信息；对于成团游客，可以邀请公园生态讲解员进行沿途解说；根据本书的游览线路建议，边读边走。

同里自然有故事

步入大厅内侧，你可以看到一个流线型的开放式陈列空间，这就是公园特别策划陈列的同里自然有故事展。

远观，它犹如一幅卷轴画卷，将翠绿早春、浓绿盛夏、金色秋日和冷酷寒冬中的同里湿地景致尽收于纸上。

如果你凑近看定会发现，每一个季节又被细分成了月份。此时，画面中的小生命们犹如活了一般，在这幅时光画布上流动着，悄悄地讲述着隐藏在湿地中的生命故事。你可以从1月开始，跟随季节轮转的脚步，试着想象着自己化身为这片湿地的一员，迎送远方的候鸟，见证鹭鸟家族生命的诞生与成长，体味水乡人家的朴实生活。

这就是同里湿地，它是一杯暖暖的茶，是一首流淌的诗，是一支生命谱写的歌。

▲展厅

纪念品商店

湿地中的自然景观不仅给我们美的享受，也是灵感创作的源泉。在同里湿地的纪念品商店中，你可以找到许多以湿地为主题的文创产品，比如，以同里古镇的吉祥物“鸡头米君”为主角的各类日用品和食品，公园主题T恤和户外用品；还有为亲子家庭体验同里湿地而量身定制的《同里湿地超有趣》活动包，为成年人设计的《水润同里——同里湿地自然导览》，以及专业类的环境教育教具和书籍。

▲纪念品商店一角

贝壳墙

在入园围栏处，有一面有着特殊意义的矮墙。矮墙上贴着许多扇形“贝壳”。这是当地湿地水体中常见的一类水生软体动物——白蚬的模型。在公园的南面，就有一个以盛产白蚬而得名的白蚬湖。白蚬不仅是同里人餐桌上的美食，也是许多水鸟喜爱的食物。于是，公园希望通过制作一面“白蚬”主题墙，体现同里湿地的特点。不过，这面贝壳墙制作得并不顺利，从开始直接粘贴贝壳，到后来定制玻璃缸营造水下立体效果，团队尝试了多个方案，最终考虑到稳固性、审美性和科普性，采用了水泥模型的方案，它形象地刻画了白蚬所生活的水下世界。

▲贝壳墙

▲清晨的同里湿地

多样的湿地景观

我国将湿地分为5类，包括近海及海岸湿地、湖泊湿地、人工湿地、沼泽湿地和河流湿地。在同里湿地，除了近海及海岸湿地外，其他4类湿地你都可以观赏到。

湖泊湿地

位于公园西北角的澄湖，以及南边的白蚬湖是典型的湖泊湿地。澄湖和白蚬湖拥有宽阔的水域、良好的水质和丰富的渔业资源，更是雁鸭类水鸟理想的栖息环境。也正因为其重要的保护价值，公园将同里镇界内的全部澄湖水面和白蚬湖划入湿地保育区，仅用于开展监测、保护、科学研究等保护管理活动。

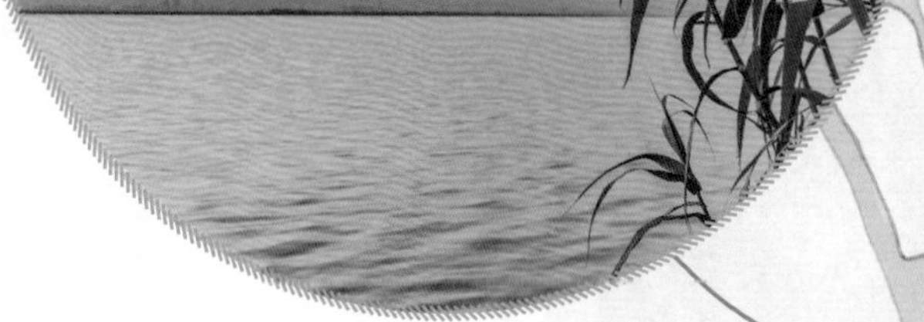

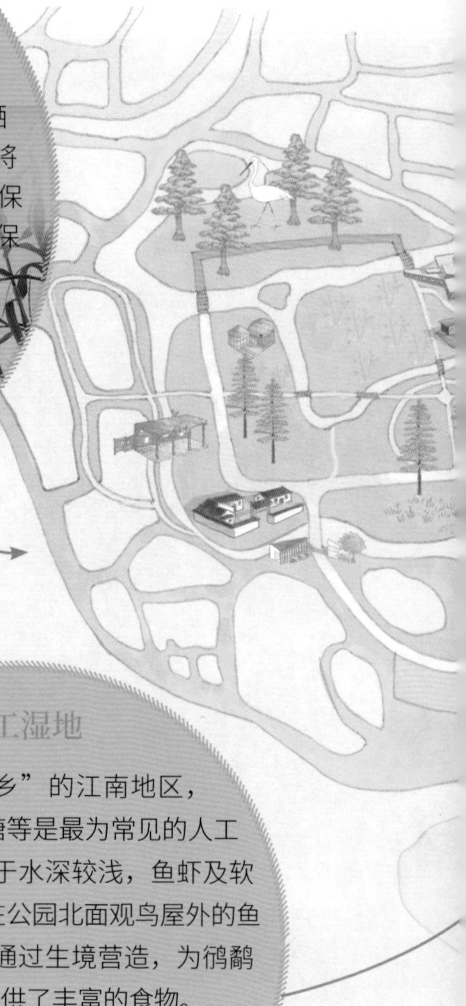

人工湿地

在“鱼米之乡”的江南地区，稻田、藕塘和鱼塘等是最为常见的人工湿地。这些湿地由于水深较浅，鱼虾及软体动物资源丰富。在公园北面观鸟屋外的鱼塘、藕塘内，公园通过生境营造，为鸻鹬类和鹭鸟等水鸟提供了丰富的食物。

沼泽湿地

在同里湿地公园能够看到森林沼泽和草本沼泽两种典型的沼泽湿地。森林沼泽湿地位于公园东北角，为一片广阔池杉与落羽杉林，在雨季水位高的时候，幸运的话有机会目睹水上森林的浪漫景观：绿水环绕下的挺拔的杉树与林下植被错落有致地倒映在水中，不时飞出的白鹭，打破画面的静谧，更增添了一分生趣。草本沼泽湿地主要分布在公园的南部，这里主要生长着芦苇、香蒲、荷花、睡莲等各类水生植物，形成了层叠有序，四季变换的湿地景观。

河流湿地

在江南，河流湿地是日常生活中最容易观赏到的湿地类型。只要你稍加留意，便会发现在公园内外，河流交错的景观几乎可以伴随整个旅程。不同流向的河道溪流彼此相互交织连通，四通八达的水网将村落与公园串联在一起。

水之世界

水可以说是世界上最为重要的物质之一，几乎所有生物体内所占比例最大的物质都是水。有那么一类生物，它们依水而居，靠水而食，离水而亡，是水中的常住居民。它们中有些是脱氮除磷、吸附颗粒的小能手，有些是水体重金属元素的去除者，有些以敏感之躯检验着水质的好坏，当然也有一些出于某些秘而不宣的遗传秘密，在其生命周期的某一阶段必须在水中“度个假”。不妨沿着公园蜿蜒曲折的池上栈道或临河小路信步漫游，细心寻找，看看是否会有意外发现呢？

水生植物面面观

水生植物通常指无法离开水生环境或水分饱和的土壤环境生长的植物。你会发现，从岸上泥沼到清澈水底，错落有致地分布着形态高低各不相同的植物类群。它们或挺立湖畔，或漂浮水面，甚至潜伏水底。

应该如何区分这些水生植物呢？通常根据它们在水中的分布情况，我们将其分为挺水植物、浮叶植物、沉水植物和漂浮植物。

①挺水植物

根茎生长在水下土壤中，茎叶挺出水面的植物。

②浮叶植物

植株漂浮在水面上，根部着生在水下土壤中的植物。

③沉水植物

整株植物完全沉浸在水中，根部固着在底泥中的植物。为了减少水流的冲击，吸收水中的氧气，它们的叶子和茎往往呈线形或丝状。

④漂浮植物

植株漂浮在水面上，但其根不发达而漂浮在水中的植物。

水下精灵

水中住客有植物，自然也有许多动物，在维持、净化水质这件事上，动物也起到了很重要的作用。漫步在水生植物园的蜿蜒栈桥上，可别忘了时不时成群结队从脚下穿过的小鱼、小虾，以及体型小巧而极易被忽略的昆虫。

武林高手“凌波微步”：水黾（mǐn）

水黾能以足点水，栖息于静水面或溪塘缓流水面上。它们通过腿上敏感的器官感知落水昆虫的挣扎，中间一对足以1.5米/秒的速度在水面上滑行，捕食落入水中的昆虫。

水质监测专家：鳑鲏（páng pí）

体长5~8厘米，寿命一般为3~4年，广泛分布于亚洲东南部。身体带有橘黄色和蓝绿色的金属光泽，背部鳞片在光线下微微泛蓝。雌性鳑鲏会将卵产在河蚌体内，依靠河蚌为自己繁衍后代，形成了独特的互利共生关系。鳑鲏喜好清洁而有水草生长的水域，喜食蚊子幼虫等鲜活食物。所有有鳑鲏成群出没的水域，水质往往比较好。

水生
留意
水生

凶猛的水下潜伏者：水虿（chài）

水虿是蜻蜓的幼虫，常潜伏在河溪水塘底的淤泥或残枝败叶下，体色也因环境而异，一般是暗绿色或暗褐色。它们会从尾部缓慢地吸水、吐水，靠腹部内直肠鳃呼吸水中的溶解氧。作为性情凶猛的肉食性昆虫，水虿一旦饥饿难耐，将不会放过任何经过身边比它小的水生生物。依种类不同，它们蜕变成蜻蜓前的生活周期从几个月至几年不等，最长的可达7~8年。

水虿在水中成长，通过食物链消耗了水中的营养物质，当它羽化成为蜻蜓后，便将水中的营养物质带到了陆地上。水中营养物质的减少，也是维持水质清澈的重要因素之一，虽然一只蜻蜓所消耗的营养物质十分有限，但在众多类似生物的共同作用下，也为水体健康作出了相当的贡献。

水底清道夫：螺蛳

它们常安静地栖于河沟、湖泊等腐殖质丰厚的水底，摄食沉积底的枯枝败叶和动植物遗体被分解产生的有机质，同时还能分泌快速凝悬浮物的物质，澄清水体，使水变得清澈透明，可谓名副其实的“水底清道夫”和“生物净水器”。

▲农田灌溉

湿地馈赠

湿地，有着“地球之肾”“生命摇篮”“物种基因库”“鸟类天堂”等多种称誉。作为地球上水陆相互作用而形成的独特生态系统，它为丰富多样的生物提供了生存环境，构成了自然界最具生物多样性的景观之一，在涵养水源、调节水文、抗洪防旱、改善气候、净化污染、美化环境和维护地区生态平衡等方面有着其他生态系统所不能替代的作用。同里湿地地处太湖流域下游阳澄淀泖水系中水网密度最高的区域，其重要的地理区位以及多样的湿地类型互相配合，默默地为周边社区以及公园游客提供了多种被我们所忽视的服务。

净水思源

湿地与人类的生存和发展密不可分。古时，祖先们定居建城往往首选河流湖泊的临近之处，因为稳定的水源是最重要的生存保障之一。历经几千年的文明发展后，我们今日的城市与古时相比早已发生了翻天覆地的变化，即使相隔千里也能引水入室，足不出户即可遍尝江海鱼鲜。但是，正如南北朝诗人庾信的《征调曲》中所言：“落其实者思其树，饮其流者怀其源。”当我们饮下每一滴得之不易的淡水资源，品尝每一味来自江河湖海的海鲜佳肴，欣赏每一道水岸山林的壮丽景观，泛舟在每一条水波荡漾的清溪小河上时，不应忘记饮水思源。

湿地中多样性的生物群落与环境间的相互作用形成了独特的吸附、降解和排除水体污染物、悬浮物和多余营养物的功能，使得湿地成为重要的净化水体的“天然净化器”。我们都

▲清澈湿地的水下视角

知道，海洋的水体含盐量极高，而大部分陆生生物的生存都需要依赖湿地提供的淡水资源。在我国，湿地维持着约2.7亿万吨淡水，占全国可利用淡水资源总量的96%。同里湿地的河流、湖泊、水塘也同样为生在这片土地的动植物及周边的村镇居民提供着丰富的水源。

▲周边水乡

同里湿地所在的区域位于长三角城市化水平高度发达地区。这里人口密集，农业用水比重较高，许多自然湿地因为城市发展的需要被开发，使得周边水体富营养化情况严重。因此，在公园的选址和初期建设工作中，保护和修复天然湿地生态系统和功能是核心工作。在公园中，湿地保育区占公园面积69.53%，其中，大部分区域处于北部澄湖和南部白蚬湖。公园对两湖开展合适的管理，同时对园内的森林沼泽和草本沼泽湿地进行植被恢复，以增强其湿地净化功能。当上游来水进入公园时，园内的湿地便能发挥过滤器的作用，对外部来水进行净化，保障了周边社区的用水安全。

湿地之美

据研究，全球的湿地资源仅占地球表面的6%，却为整个生态圈20% 的已知物种提供了生存环境。良好的湿地环境为生物提供了丰富的食物和居住环境，因此湿地是生物多样性的热点地区。

只要仔细留意，你就能在水畔见到鹭鸟、鹬类等水禽捕食水中的鱼虾螺蚌的场面；在湖泊河塘里，用目光跟随鱼类和甲壳类的自由穿梭，追逐嬉戏；在夏夜的荷塘水洼边，听取蛙声一片；甚至在水岸林间，还可能偶遇刺猬、黄鼬（黄鼠狼）、赤链蛇等夜间出没的小型哺乳动物和爬行动物。你可

▲黑翅长脚鹬

▲豆娘

▲刺猬

▲黄鼬

能觉得这些还是太难发现了，别着急，本书的后面章节就会手把手带你去探索。

除了公园湿地中的动物，湿地植被也在时光雕刻下形成独具魅力的自然景观，让你在细腻的自然笔触中，感受到生命的奇妙与可贵。

春夏之交，池塘里的水生植物开始蠢蠢欲动。芦苇、香蒲的小苗纷纷破土而出，获取春日阳光尽情生长。夏季是水生植物繁殖的季节，睡莲、荷花绽露芬芳，水下植物也是各展所能孕育新生命。秋季是收获一年成果的最佳时节：挺出水面的莲茎稳稳地支撑着莲蓬，每颗莲子都被蜂窝状花托牢牢包裹着；香蒲棕色柱状花序如蜡烛般在水边竖立着，随时等待着秋风将它的种子送往远方。冬季的湿地，一切归于平静，植物纷纷落幕水中，老叶在水中被分解成新的有机物回归水体，为来年的生长积蓄营养。

▲香蒲

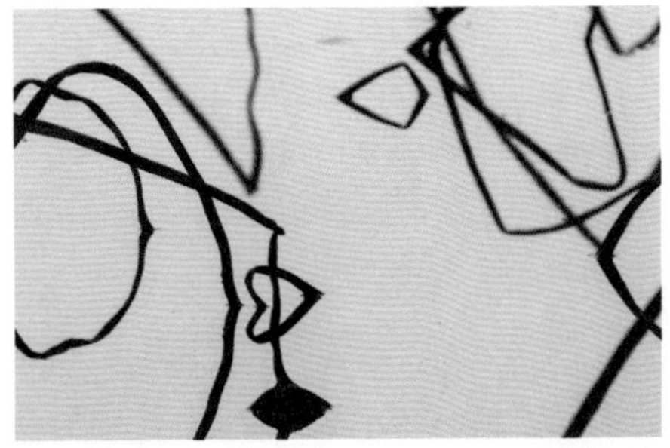
▲物质循环

▲棕头鸦雀

游览线路建议

本书的导览从公园南门开始，建议你花上 10 分钟浏览游客服务中心内的同里湿地四季展和全园地图，以获得对公园的初步印象。随后，便可通过游客服务中心正式入园。

作为本书的第一章，你将了解公园主要的湿地景观，并且我们为你选择了最适合近距离观察水生植物的区域进行参访。

入园后，你可直接向北步行 200 米抵达贝壳桥，桥两侧分别是公园周边最大的两个天然湖泊，即澄湖与白蚬湖。穿过贝壳桥，继续前行，道路东面是荷塘生态区，适合观赏荷花和水上杉林的景致，道路北侧则是科普馆和水生植物园，你可以跟随本章内容，在这里观赏不同类型的水生植物。

水生植物连连看

从岸边到水中央，不同水深的区域常常生长着不同类型的水生植物。经过前面认识，你可以准确识别出挺水、沉水、浮叶和漂浮植物四大水生植物类群了吗？不妨来检验一下吧。

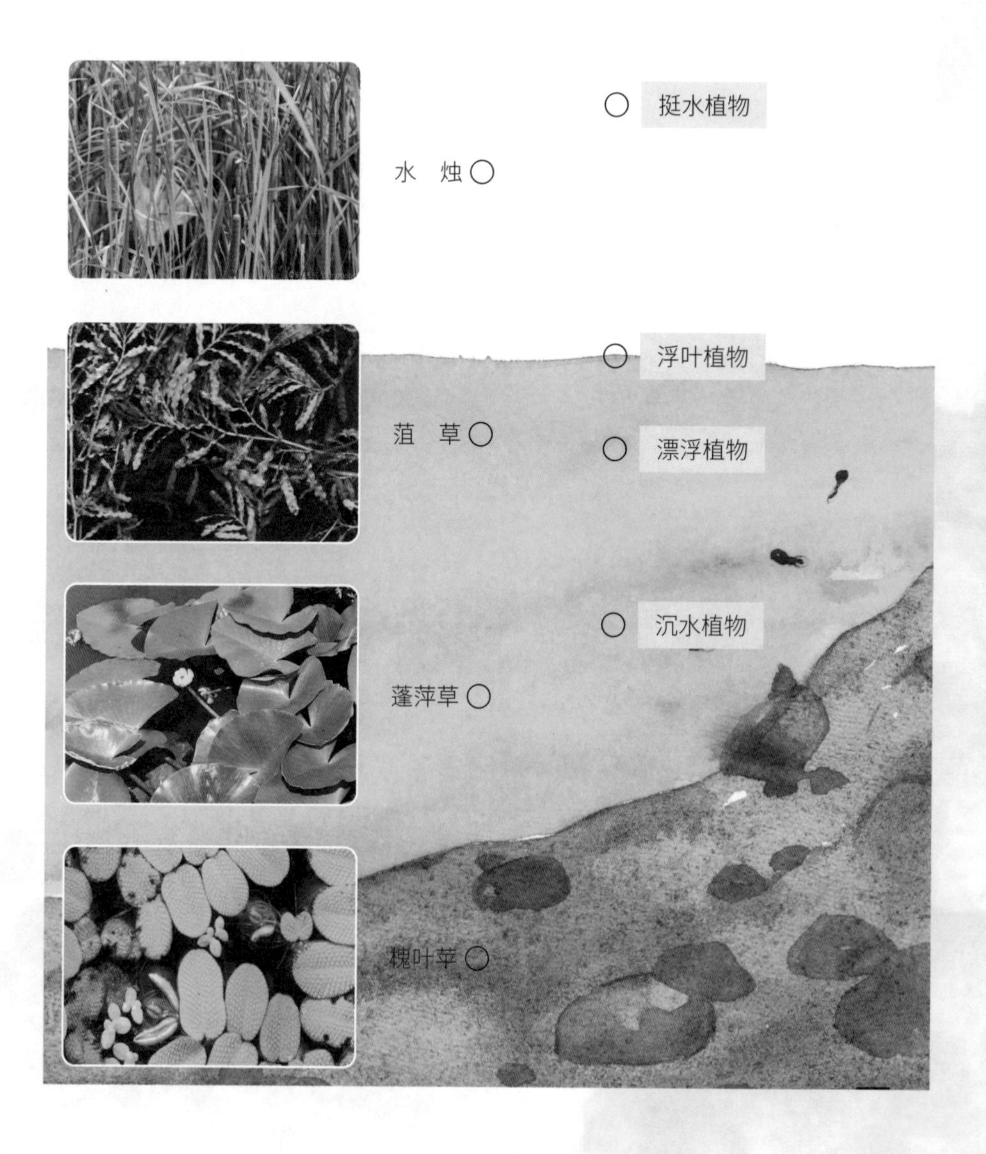

第二章 逐水聆风

- 竹林幽语
- 水岸觅趣
- 河畔生灵

逐水聆风

很多慕名而来的访客对同里湿地的向往和好奇，是源自这里独具辨识度的湿地景观：浓密的竹林左右环抱，小船沿着幽幽的水径在林下穿过，竹叶悉悉间在水面洒落斑驳的光影，偶尔有一抹飞羽掠过，为这抹宁静平添了一份生机。这一切似乎代表了湿润的江南水乡韵味，却又和常规意义上的自然湿地有所不同。竹林和光影的加入，不仅让旅程更为舒适恬静，更为访客丰富了湿地多层次的观感。沿着蜿蜒悠长的河道，在两岸密林的佑护下缓缓深入，感受窗外的景色也如流动光影般徐徐更迭：从苍翠深沉的梨园，到落英缤纷的樱花岛；从矗

逐水聆风

▲竹林水径

立岸边的杉林，到风影婆娑的香樟；从婀娜参天的翠竹，到令人豁然开朗的丛丛芦苇。当然还有那些在此生活的水岸生灵，如果运气好，你很有可能与穿着蓝绿色金属光泽羽衣的翠鸟擦肩而过，或与潜水好手小鹛鹏相伴同行。

短短的水上旅程，仿佛浓缩了同里湿地的前世今生，又展现了这块湿地今天的多变面貌，用这种沉浸式的观感，为各位访客后续的深度体验拉开了生动的序幕。

竹林幽语

这一段旅程最让人期待的，莫过于被竹林环抱的水上体验。当小船驶过知青码头，两岸便会呈现出绿竹点头相迎的景象，它们遮住了夏日的骄阳，更把点点光影，投射在人们身上。

竹子，在中国传统文化中具有特别的意向和象征意义，与梅、兰、菊并称为“四君子”，又与梅、松并称为“岁寒三友”，在诗词、绘画、歌赋中广为运用。早在《诗经》中就有多处提到竹，如《卫风·淇奥》中反复吟诵“绿竹猗猗”“绿竹青青”“绿竹如箦”，借竹子的形态优美、绿意盎然和丛生茂密来赞誉君子的美好品性。因为它独特的形象和所代表的清雅高洁气质，在古典园林和民居的设计中，竹子也是必不可少的元素。唐代诗人李白曾写道：“绿竹入幽径，青萝拂行衣”，白居易《小阁闲坐》中的“阁畔竹萧萧，阁下水潺潺”，无不生动描绘出竹元素对园林设计起到的点睛作用。北宋文学家张舜民在《村居》中的名句“水绕陂田竹绕篱”更为生动地描绘了中国传统民居和水道、竹林密不可分的关系。

▲早园竹林

伴水而生

中国是全球竹子种类、数量和种植面积最大的国家。竹子广泛分布在我国各地，特别是长江流域和珠江流域，惟秦岭—淮河以北受气候和降雨影响，仅有较少分布。无论大江南北，在很多中国人的印象中，竹子多生长在山林间，青翠的色彩和随风摇曳的形态，河溪旁常常是故乡记忆中远山上一道难以忘却的风景。但是，在近代的文学、美术作品中，我们越来越多地发现竹子出现在庭院、河道甚至水田边。

李白的《别储邕之剡中》中写道："竹色溪下绿，荷花镜里香。"孟浩然在《夏日浮舟过陈大水亭》中描述："涧影见松竹，潭香闻芰荷。"可见，溪畔竹林是古人早已形成的审美。辛弃疾在《临江仙探梅》中更有一句"竹根流水带溪云"，短短七个字把氤氲雨季中竹林溪畔水雾迷蒙般诗情画意的景致描述得跃然纸上。

同里湿地的竹林，最早种植于大规模填湖运动后的20世纪70年代。不过，竹子喜欢疏松透气的土壤，滨水环境下的土壤大多黏性大，地下水位较高，并不是竹子最为喜欢的生存环境。为此，公园采取了定制方案与管理措施，邀请专业机构对土壤成分进行检测，了解土壤特性后，有针对性地调配有机肥，改善土壤微环境。在日常管理中，对于6年以上退化竹或生长不良的竹子定期进行清理。得益于这些精细化的管护，这片竹林不仅适应了湿地环境，还已成为同里湿地的特色名片。

▲竹林如绿色天穹一般

▲毛竹

▲从地下凸起的竹鞭

同里湿地的竹子主要包括两种，一是江南地区最常见的毛竹，它们高大粗壮，一般可生长至20多米高，是和人类的关系最为密切、栽培历史最悠久、分布面积最广、经济价值也最高的一种竹子。千百年来，毛竹被广泛运用于建筑、生产和生活中，许多传统农具、工具和日常用品的制作，都离不开毛竹。我们平时爱吃的冬笋，也是特指毛竹冬季尚未出土的嫩芽——鲜笋尖。然而，毛竹需要疏松透气的土壤，很怕水淹，直接种在河

▲水岸边的早园竹

流湖泊边很难成活。同里国家湿地公园经过多年的实践，借鉴农田育秧的经验，将开挖和疏浚河道的泥沙堆积在岸边，这样在逐渐抬高两岸坡地高度的同时，能有效地降低地下水位和土壤表面的距离。毛竹的根系匍匐生长，逐渐在这层抬高的土层中适应了当地的环境。我们看到河道两岸的竹子纷纷向河道中倾斜，也是因为它们的根系不深，而受河岸坡度的影响，自然发生的微微倾斜的生长趋势，远远看去，就像热情好客的主人，正在点头向到访的客人表示欢迎。

与毛竹相比，同里湿地的另一种常见的竹子——早园竹，则相对要娇小很多。它们平均身高只有约6米，粗3~4厘米，在我们行船的后半程，以及在步行进入公园后，会有很多机会看到这些竹子家族的清秀派。早园竹是一种出笋较早、笋期较长的竹种，也可用于编织日用品，或制作晒衣竿等日常用品。略胜一筹的是，早园竹比毛竹更能适应湿润的土壤环境，可以直接种植在河岸边，加之其身形较为迷你，也是传统园林造景中营造开窗和庭院小景常见的物种。如果你在春季来访，或许还有机会参与采挖早园竹竹笋的自然教育项目，可别把它单纯理解为农事体验和采摘活动，对于湿地公园来说，竹林的生长条件优渥，这种经过千百年人类驯化而高能高产的经济物种，如果任其自然繁衍，用不了多久就会超过设定区域的自然承载力，适当地加以人工干预辅助管理，更有助于这片竹林的持续和健康生长。

▲早园竹

早春美食

公园内的毛竹、早园竹都是主要的春笋竹种，适合清明前后采食。春笋笋体肥大，鲜嫩爽口，无论煎炒煲汤还是凉拌红烧，都是餐桌上深受喜爱的山野鲜味，因此，在许多地方春笋也被称作“山八珍”之一。每年春季，公园也会开设春季采笋的体验活动，感兴趣的可以报名。

油焖笋

竹笋排骨汤

水岸听竹

然而，如果我们只被视觉的感受所陶醉并满足，那么还是会留下小小的遗憾。这一条蜿蜒的林下秘境所能带给我们的体验和观感，绝不仅限于犒赏我们的双眼而已。

若游客不多，行船至竹林河段，待常规解说告一段落，不妨在此给自己片刻的宁静，甚至请船工师傅放慢速度，在确保安全的前提下，或许还可以尝试走近船尾，越过窗棂的局限，打开视野和感官。此时，除了船底下细碎的水浪声，深呼吸一下，我们会真切地感受林下水岸湿润清凉的气息，若此时恰好有微风拂过，或许还有青草或花香幽幽相伴。记得在此时凝神屏气，若足够安静，你一定会听到一种细碎而绵密的“沙沙”“萧萧”的声音，没错，这是竹叶在微风中彼此碰撞发出的声响。当我们暂时关闭视觉，把嗅觉和听觉打开，我们会感受到这片幽静水岸的别样魅力：这种声音有一点轻灵，又似乎带着飘逸，若隐若现地在耳边回荡，和谐地成为一段自然协奏曲。

如果风比较大，在这片错落有致的“沙沙”声中，偶尔还会传来一两声清脆的“噼”“啪”声，这可能是微微倾斜、彼此依靠的竹秆们随风在互相“击掌”行礼。

竹林摇曳的声响，在中国传统文学中，被视为季节转换的象征，因为秋风最容易唤起竹林的这种音

▲竹叶沙沙

乐天分。比如，李白的“池花春映日，窗竹夜鸣秋”，欧阳修的“夜深风竹敲秋韵”，都把清风拂竹描绘为秋季的标志。更多时候，竹林声会被进一步赋予寂寞、思念、忧患等情绪色彩。比如，秦观用竹音来寄托自己的思念：“西窗下，风摇翠竹，疑是故人来。”而郑板桥则忧国忧民地借景抒情道：“衙斋卧听萧萧竹，疑是民间疾苦声。”

借竹之形态气质抒发胸臆，在中国传统绘画中的表现更为明显，北宋文同专画“墨竹图”，被誉为“富潇洒之姿，檀栾之秀，疑风可动，不笋而成”，并由此开创“湖州竹派”。竹子承载着古人对于坚韧谦逊、不畏艰难、高风亮节的君子德行的推崇。

小知识

竹子长高后会折断吗？

竹子为禾本科多年生植物，它们的枝干木质化程度高，拥有纤长而柔韧的木质纤维，承受适度的弯曲完全没有问题。而且，在湿地环境中生长的竹子，水分含量更高一点，因而相比山地环境生长的竹子，韧性更强，并不容易脆裂。当然了，公园的管理者们也会定期在各处巡视，如果真的发现有潜在危险，一定会及时处理，所以，尽情享受这番美景吧。

▲林下水岸

水岸觅趣

若是从空中俯瞰同里，你会发现园内河道纵横，湖沼棋布，人、水、田交融，江南水乡的气息浓郁。水路曾是整个苏南地区出行和运输最重要的交通渠道，古城苏州也因为其天然密布的河道而获得东方威尼斯的美称并闻名世界。同里湿地位于太湖流域素有“百湖之城”称号的吴江。这里属于阳澄淀卯水系，是太湖流域典型的下游湖荡湿地。

同里国家湿地公园的水源除了自然降雨，主要来自澄湖、沐庄湖和黄泥兜等周边湖荡。这些水自西北向东南流淌，经过季家荡，向东泻入白蚬湖，最后进入淀山湖。

小知识

同里湿地的水系

同里湿地内部水系主要有 3 个湖泊 [澄湖（局部）、季家荡（局部）、白蚬湖] 和 8 条河流（横港河、中堂港、石头渠港、张家港、石浦港、陆家浜、凌家浦、新开河）。它们错落相连，彼此交织，形成一个哑铃形的自然水系，维持着同里湿地的健康，更滋养着周边的乡村和农田。

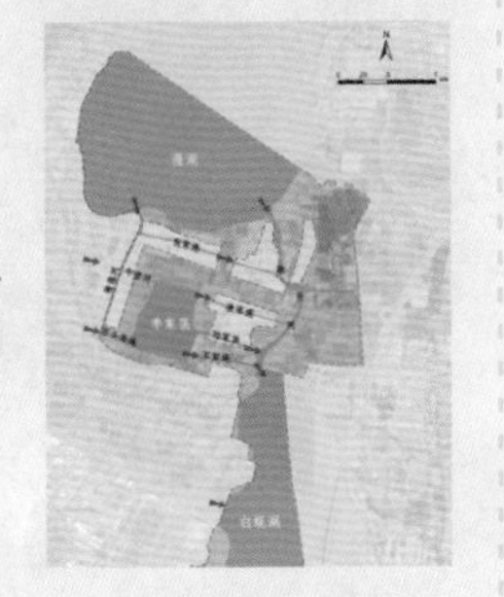

水岸变迁

在公园中游览，特别是如果取道水路参访，你一定会发现公园内的河流宽度并不一致，因而沿岸的景致也有所差异：在大部分狭长收束的河道两侧，沿岸线都会竖有一排直径10~15厘米的木质矮桩，而在一些水面开阔的河段，河岸则由各湿地植物渐次分布的自然生态缓坡所替代。

为什么会有这两种截然不同的设计方式呢？如果你带着这份好奇心去观察，会发现湿地沿岸的护坡设计营建还不止这两种类型。它们恰恰都是在湿地公园建设管理的过程中经过观察、思考和实验，逐步发展起来的兼具视觉和功能效果的生态设计方案。

桩基护岸

湿地公园建设之初，以湿地保护为核心使命的定位，促使管理团队下决心从设计到建设全环节都对标以自然为本的原则，传统的直上直下、钢筋水泥质地的硬质化护岸早早就被排除在可选范围之外。什么样的方案既能保护护岸的植被和土层不被水浪冲刷侵蚀，又能在视觉和功能上兼顾环境友好？经过多方参访学习，湿地公园率先尝试了当时在多个较早建立的国家湿地公园中被广泛运用的桩基护岸方案，即使用杉木桩、松木桩或柳木活桩，沿着岸线紧密、整齐排列，并深入水下约1.5米以确保其稳固。

新建成的生态桩基护岸微微露出水面，视觉上与环境融为一体，功能上也有效地保护了护岸免于被水浪直接冲蚀。一些柳木活桩甚至发芽生根，为虾藻和泥鳅、黄鳝等水生生物提供了有益的生存环境。

但是，时间稍长，桩基护岸还是暴露出一些问题。首先，大部分桩基护岸都布设在有行船功能的水道两岸，这里常年有船只通行，人为造成较为频繁的水浪冲蚀，一些强度不够或地基松软的河段，桩基出现了不同程度的移位甚至塌陷脱落问题。还有一些河段，因水流冲击导致桩基下方

▲河道两侧的桩基护岸

的河岸被掏空，结果桩基坍塌。公园曾尝试在桩基的基础上，加用竹条编织多层竹笆，以增加桩基护坡的坚固程度，但效果并不持久。再加上桩基和竹笆都是选用天然材料，长期浸泡在水中，特别是水位线上下的位置，最容易被腐蚀。平均一两年左右，很多桩基的腐烂朽化问题就非常明显，亟待更换。

工作人员还曾在桩基附近看到淹死的野兔，这引起了他们深深的反思和自责。生态桩基的设立，虽然回应了公园固岸和保护水土的需求，但却忽略了自然护岸的原有功能。一些生活在湿地的两栖爬行类、哺乳类动物，却在那一刻，找不到可以借力攀爬的求生支点。

▲与环境融为一体的护岸

▲木桩护岸

自然原型护岸（生态缓坡护岸）

其实，千百年来我们的祖先就懂得，与自然共生最好的方法，永远不是对抗，而是寻找一种彼此适应的平衡。就如同大禹治水，必须疏堵结合；太极拳术则强调因势利导，以柔克刚。如果说抵挡行船造成的频繁水浪侵蚀是护岸安全最大的挑战，那么最好的解决方法也许不是阻隔和防御水浪，而是如何通过调整河岸的地形和植被结构自然化解冲蚀的力量。

同里湿地尝试将原来近乎垂直的护岸调整成为逐渐上升的斜坡形结构，并根据水位不同，从水下到护岸坡顶依次种植沉水植物、浮叶植物或漂浮植物、挺水植物、湿生草本、灌木和乔木。当浪花推进到岸边时，向前冲击的力量会随着缓坡逐渐向上推进的过程中被分解，而波浪的不断冲刷往复，也让更多水体有机会充分接触沿岸的湿地植物，强化湿地净化水资源功能的发挥。自然原型护岸既增强了河岸的稳定性，又营造了一种接近自然的堤岸植被景观，展现了水陆过渡带丰富的生物多样性，野趣十足。

矗立在此类护岸水陆交界处的，往往是芦苇、水烛等密生的挺水植物，它们也为固化护岸、减少冲蚀发挥了重要的作用。而对于水系中的东岸和南岸，在盛行东南风的植物生长季处于背风面，沉积作用较为显著。因此，利用植物强健发达的根系来防风固土也成为这些区域一举多得的不二选择。

▲自然原型护岸

综合型护岸

但是，自然原型护岸相比于垂直的桩基需要更大的河岸面积，比较适用于拥有较为开阔水面的河道或湖面的护岸，以及湖中保持较高原生状态的岛屿，因此在运用中较难全域推广。

另外，在码头或交通枢纽等行船频率非常高的河道，抑或水位常年处于变化状态的河口、湖口位置，单纯的桩基护岸或自然原型护岸在安全性和持久性上都难以满足要求。于是，同里湿地尝试运用综合性的工程设计来解决这些特殊问题。比如，将生态缓坡和网格化的水泥护岸相结合，兼顾了安全和生态的双方面优势。在距离护岸0.5~1米的合理距离处布设活柳木桩，缓冲水浪对护岸的直接冲击侵蚀，同时期望柳桩生根发芽，逐渐形成硬质护岸外围的一圈生态防护缓冲带。

▲综合型生态护岸

▲舒适的亲水平台

在访客较为容易到达的区域，同里湿地也将亲水平台、亲水步道的设计和生态护岸相结合，让访客有机会亲眼观察和理解关于护岸的生态设计理念，并从中获取知识，增进对湿地保护方法和意义的理解及认同。

▲黑水鸡

河畔生灵

如果你对沿途的期待还包括能够近距离观察一些以湿地为家的动植物，那么建议你先将目光锁定在水岸两边，因为水面与陆地的过渡地带常常是最容易发现生物的区域。这样的环境不仅便于动物喝水洗澡，同时还是它们重要的觅食地。而岸边高湿的土壤环境所孕育的丰富的植物多样性，不仅可以为各类动物提供食物，还可以为它们提供安全的休憩和筑巢场所。河畔的诸多动植物生灵既享受着湿地为其提供的适宜环境和丰厚资源，同时也以各自的方式共同守护着这一方水土。

逐水聆风

湿生草花

在柳树、香樟等高大乔木的遮挡下，湿地沿岸的缓坡长期处于一种潮湿和阴暗的环境中，特别适合一些耐湿喜阴的植物生长。喜阴植物也称为阴生植物，顾名思义，它们对阳光的要求不高。但是，这并不是说它们不需要阳光，而是因为它们叶片中的叶绿素含量较高，可以更高效地完成光合作用。仔细观察这些植物，在阴暗深沉的环境底色中，常常会有不期而遇的惊喜发现。

蝴蝶花

在春季，河畔林下最容易吸引游客目光的阴生植物便是蝴蝶花了。它是鸢尾属常见的多年生宿根草本植物，这个属的很多植物都因为花朵娇美艳丽而被人类选种并成功被驯化为观赏植物，如今是园艺栽培中的常客，所以很多人看到它可能并不陌生。

▲蝴蝶花

蝴蝶花每年在3月下旬便会陆续绽放。它的花呈白色或浅紫色，最外层的花被上布有亮黄色和紫色的斑点，在阴暗的草丛中显得格外醒目，亮黄色也是它们为了吸引昆虫所打出的显眼广告。蝴蝶花往往成片开放，在林下的草丛中形成连片的花丛，远远望去仿佛一群在草丛中翩翩起舞的蝴蝶仙子。不过你可能没有想到，每朵花的花期只有短短1天，它们其实是此起彼伏，前仆后继，来维系着这一场林下河畔的自然视觉飨宴。

蓬虆（lěi）

游船驶过杉林区，很容易发现一丛丛看似野生月季的灌木，它的枝条上长有小皮刺，叶片由3~5片卵形小叶呈掌状组合而成。其实，它的名字叫蓬虆，和月季一样，都属于蔷薇科植物。但月季属蔷薇属，而蓬虆属悬钩子属，也可以叫它覆盆子。悬钩子属的植物茎上都有小皮刺，这可能也是它得名“悬钩子”的原因。蓬虆的花呈白色，若是4月盛花期经过河畔，你绝对不会错过它。那时，蓬虆洁白整齐的五瓣花缀满整个灌木丛，实在惹眼。别担心过了花期你就会与它失之交臂，5~6月，蓬虆会结出悬钩子属标准的鲜红色、酸甜多汁的球状聚花果实，每一颗果实上都有一颗极小的种子。它的果实香甜甘美，是鸟儿极喜爱的美食。

▲蓬虆的花

▲蓬虆的果实

珠芽地锦苗

若要问公园河岸边最清秀的植物是什么？紫堇属的珠芽地锦苗一定是榜上前三甲之一。它与花色艳丽的虞美人、罂粟等同属罂粟科，所以观赏性自然不低。但是，它个头比较迷你，不到半米高，所以要在行船时观察它们是对观察能力和耐心的考验。同里湿地的珠芽地锦苗一般在3月下旬前后开花，花呈粉紫色，花型有点像微型喇叭，越靠近头部颜色越深。另一边又细又弯的“尾巴”是紫堇属植物常有的标志性结构——花距，里面藏着香甜的花蜜，适合拥有吸管式口器的蝴蝶等昆虫吸食。当然，这份甜蜜也不能白白享用，美餐之余，蝴蝶也帮助它完成了授粉。除了用花吸引

▲叶腋处的珠芽

昆虫传粉，珠芽地锦苗还有一项绝招——无性繁殖。如果你端详叶片和茎的连接处，会发现叶腋处常常会长有一个圆形的绿色球状体，上面还常常萌生嫩芽。这就是能进行营养繁殖的珠芽，落地后就能长出新的植株，这项“特技”也是它名字的由来。

▲珠芽地锦苗

水上掠影

除了植物，行船中容易观察到的还有鸟类。良好的水生环境，开阔水域中较为不受打扰的栖息环境，以及公园有序、有效的管理和保育策略，为这些飞羽精灵的生存提供了适宜的条件。

小䴙䴘（pì tī）

在行船中，最大概率发现的就是一种名为小䴙䴘的水鸟。因为它们总是远远地出现在较为开阔的水面上，远看的剪影常常被误以为是野鸭或者鸳鸯，其实细细观察有不少差别。它们的喙尖细，不像鸭子那般扁平；成年个体体长约25厘米，远远小于一般的野鸭；没有像雁鸭类那样高高翘起的尾羽。所以，如果你远远看到体型不大，全身褐色，没有像野鸭那样的“翘屁股”的水鸟，十有八九便是小䴙䴘了。

它们还善于潜水捕猎，以鱼虾、昆虫为食。有时候，它们会突然埋头扎入水中，过了好一会儿才从较远处的水面钻出来。如果受到惊扰，它们常常会一边扇打翅膀，一边用脚掌快速踩踏水面而游离有潜在危险的区域，像极了武侠片中的水上轻功。这项绝技还要得益于它们脚趾的瓣蹼结构：每根脚趾上长有花瓣状的蹼以方便它们划水，但彼此并不相连，这与野鸭的蹼不同。即便看不到小䴙䴘的身影，你还可以尝

▲小䴙䴘一家

试用耳朵寻找它的足迹，小鹛鹛的叫声像一串连续的气泡声响，十分特别，不妨凝神细细倾听。

每年4~5月，小鹛鹛会陆续换上繁殖羽，此时，它们头颈处的羽色就会变成栗红色，下喙基部变成象牙白色，更容易辨识。小鹛鹛常选择挺水植物群落边缘或浮水及沉水植物上方筑巢，并利用水生植物编制巢穴。雌鸟每窝产卵3~5枚，孵化不到一个月，宝宝就出世了。小鹛鹛的宝宝属于早熟鸟，出生后便披有绒羽，第二天便可随亲鸟下水游泳，亲鸟一般会抚育幼鸟直到其满月。幼鸟的头颈部呈灰白色，具有明显的黑色纵纹，十分容易辨认。在初夏的育雏季节，只要你有充分的耐心，很可能会邂逅正在带领宝宝们游泳或觅食的小鹛鹛一家。

翠鸟

除了水面，你还可以尝试在河边的枝头上寻找一种全身泛着蓝绿色金属光泽，异常美丽且体型娇小的鸟类——普通翠鸟。它属于佛法僧目翠鸟科，是一种在全球分布较广的鸟类。普通翠鸟体长约15厘米，和所有翠鸟一样，有着一副与身长似乎不太匹配的粗壮而长的尖嘴。蓝绿色羽毛上缀有浅蓝色的斑点，喉部呈白色，腹部红褐色，十分鲜艳。如果有机会近距离观察，你会发现雌性和雄性翠鸟的喙部颜色略有不同：雄性整个喙呈黑色，雌性上喙黑色、下喙橙红色，好似涂了口红。

▲普通翠鸟（雌性）

▲普通翠鸟（雄性）

普通翠鸟是又稳又准的捕鱼高手。我们常常看到它们静静地停在水面上方突出伸展的树枝上，其实，大多数情况它们是在观察水面并伺机捕食。一旦瞄准猎物便迅速飞翔起来，如同一道蓝色闪电扎入水中捕食。据测试，普通翠鸟最快的速度甚至能达到100千米 / 小时。

普通翠鸟求偶时，雄鸟会叼着食物向雌鸟不停“献殷勤”，除非雌鸟接受礼物，否则它只能另择良妻。和很多用植物搭建巢穴的鸟不同，普通翠鸟选择在水域附近的泥土护岸立面上掘洞筑巢。同里湿地河道和湖泊沿岸一些水陆高差比较明显的区域，都是它们合适的筑巢和繁殖场所，留心观察，有很大概率不会空手而归。

同里湿地船宴体验

如果你觉得意犹未尽，还可约上三五亲朋好友，乘坐湿地手摇船，效仿古人，来个边游边食。行船中，不仅可以一览沿途自然景致，还能够品尝水乡时令私房菜。饭饱之后，再来一份同里乡间人家手作的炸油鸡和麦芽塌饼，共叙天地。

▲船宴

游览线路建议

这是同里湿地最具特色的水上游览线路，你可以在入园码头购票上船，独具江南风格的小船会带你沿着蜿蜒的河道，深入同里湿地特有的林下水上幽径，在两岸竹林、杉林的环抱下，感受沿途的水域风光，还可能会与小䴙䴘、翠鸟等水鸟不期而遇。整个行程约 30 分钟。

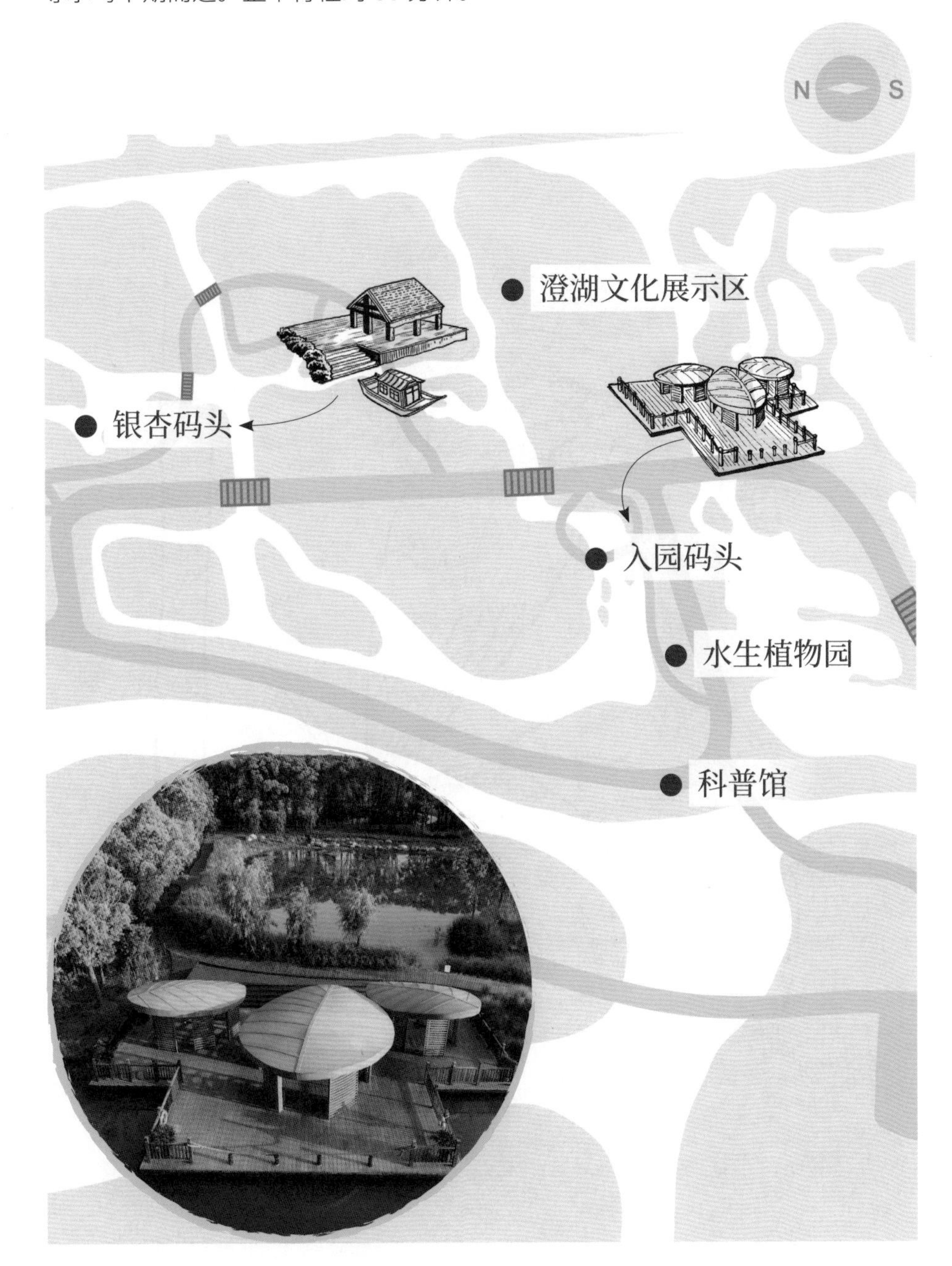

逐水聆风的回响

穿梭于水上游线，感受着粼粼光影与两岸绿树相映成辉的江南水墨之柔美，竹林的五感体验，水岸的精巧设计，还有多姿多彩的河畔生灵，是否令此时此刻的你难以忘怀呢？千万别让这美好的体验被轻易遗忘，我们特别为你准备了一幅同里湿地的涂色画，邀请你用色彩和创意与我们共同完成这幅记录你难忘体验的作品吧！

第三章 杉林漫步

杉林漫步

游览完同里湿地的河流湿地风貌，接下来不妨转场至位于公园东北角的杉林步道区。不夸张地说，这里是每位到访同里湿地的游客都不会错过的一站。并且公园内之所以能看到如此数量庞大的鹭鸟群，就与这片树冠参天的杉林有关。这片在肖甸湖围湖造田时被栽下、树龄最大的已经超过60多岁的杉树林，因其高耸挺拔的树冠已成为鹭鸟们理想的筑巢地。对于江南地区的大部分人来说，杉树其实并不陌生。它身姿挺拔、生长速度快，在城乡建设中常常被用作行道树和防风林。但是，同里国家湿地公园杉林的特别之处在于，为了尽可能减少对林中野生生物的干扰，公园一直采取不修剪、不间伐的措施，甚至连倒

▲杉林步道

树，只要不影响游客安全，也不做处理。如今，这片林子已经显现出“原始森林”的模样。步入其中，两侧的杉树犹如敦厚严实的绿篱高墙，瞬间将你与城市的喧嚣彻底切断。从树上斑驳的苔藓地衣，到树下层叠的草本蕨类；从树干弯曲的腐朽枯木，到贴近地面的各类爬虫；从站立枝头的鹭鸟家族，到散落在地的白色绒羽，都在向我们传递这样一个讯息，这里是一个充满生命力的森林系统。接下来，也请你带着一份敬意，用心、用眼、用耳，与我们一起来慢慢走近它们的世界。

森林秘境

同里湿地最常见的杉树是水杉和池杉，它们有着古老而悠久的进化历史，并在长期演化过程中逐步形成了一套完美适应湿生环境的特殊机制，因而能够在湿地环境中生长。历经几十年的自由生长，如今，位于公园东北角的这片杉林与本土湿生植被一起，组成了同里湿地神秘而美丽的森林沼泽景观，也为这里其他的生物提供了赖以栖息的环境。

▲水杉的叶

杉树小鉴

杉树属于松杉目杉科，全球共有16种。该科植物为终年常绿或者落叶乔木，树干端直，主要分布于北温带，喜欢温暖潮湿的环境，是重要的造林树种。杉科植物是一类古老的植物，根据采集的化石研究发现，它们最早在侏罗纪时代就出现在地球上了。那个时候，全球的气候正好处于从寒冷干燥向温暖潮湿转变的过程。因此，杉科植物也是地球气候变化的见证者。

水杉

水杉是中国特有的树种，是杉科水杉属下唯一现存的物种。野生水杉是国家一级重点保护植物，被誉为植物界的“大熊猫”。它的树干笔直挺拔，枝条斜向下方舒展，叶片呈长条形，在侧生的小枝上两列生长，远看好似一片片绿色的羽毛挂满枝条。而到了秋冬时节，水杉翠绿的叶片陆续转黄，在冬日暖阳的照耀下，泛出金灿灿的光芒，由此，也成为公园秋季赏叶的一大经典景色。到了深冬，它那挂满金黄色叶片的小枝还会陆续落下，回归大地后等待来年滋养新的生命。

▲水杉的叶片

▲水杉叶在秋季由绿转黄

池杉

池杉虽然和水杉一样，都属于杉科，但它却是越洋来客，野外种仅分布在美国的东南部。池杉的叶片呈细长钻形，在树枝上呈螺旋状排列伸展，春季发芽时特别好辨认，因为小叶一簇一簇立在枝条上向上生长，充满了生机。

每年秋季，池杉的枝顶会结出2~4厘米的绿色圆形球果。这些球果细看之下其实是由一个个鳞片组成，鳞片间夹藏有红褐色三角形种子。成熟的池杉球果有一种特殊的芳香气味，不妨在秋冬季的地面上寻找一粒，剥开闻上一闻。

池杉的木材耐湿、耐腐蚀，常被用于造船、建筑、家居等各个领域，所以作为重要的经济树种被引入我国。如今，池杉已在许多城市落地，特别在长江流域，已成为重要的造林和园林树种。

▲池杉的叶片

▲池杉的球果

小知识

名字里的学问

▲池杉的呼吸根

水杉和池杉的名字都带有“水”，所以很容易猜到这两种植物都非常适应水生环境。那你猜猜谁的“水性”更好呢？

答案是池杉。我们知道植物的根部不能长时间泡在水里，但池杉即便长期被水淹都可以生存。生活在沼泽环境下的池杉，其树干靠近地面的基部会变粗膨大，根部从地下穿透水面，形成一个个类似弯曲膝盖的结构。这种被科学家称为呼吸根的结构，可以帮助池杉根部从空气中吸收氧气。

林下世界

灌木与蕨类

如果你以为杉林中只有杉树，那就大错特错了。高大的杉林遮蔽了强烈的阳光，给林下的灌木和喜阴草本提供了生存条件。在杉林下，常能看见一些1~3米高的小灌木，它们也是这片森林中重要的成员。最常见的如叶薄如纸的小蜡，它的卵形叶片在枝上相对而生，上表面颜色略比下面深。春末夏初，一串一串洁白的小花缀满枝头，每一朵小花不过2~5毫米大小，却会释放出浓烈的香气。这时若深吸一口气，你一定会沉浸在这醉人的花香之中。

在林间穿行时，除了灌木，你还会在池杉林区的林下发现一类羽毛状叶片的草本植物——蕨类。它们犹如一层绿色的地毯，铺满了整片区域，显得格外醒目。

在植物演化进程中，蕨类植物是比我们常见的能结种子的植物更低等的类群，它们不会开花也不会结种

▲小蜡枝叶

▲小蜡花序

▲葱郁的林下层

▲蕨类叶背的孢子

子，而是依靠孢子有性受精后进行繁殖。但是，蕨类植物的有性繁殖过程离不开水，所以它们常常生活在森林下层阴暗而潮湿的环境中。而公园的这片杉林恰好给它们提供了绝佳的生存环境。

如果找一片蕨类的叶片，并将叶片翻到背面，你可能会发现上面整齐地排列了很多棕色、类似虫卵的圆形物体。别担心，这并不是虫卵，而是

▲蕨类

蕨类植物特殊的孢子囊结构。每个孢子囊里都装着蕨类用来繁殖后代的孢子。在适宜的条件下，这些孢子就会从孢子囊中散落，去到不同地方开始自己的世代生活。

林下的小动物

丰富的植被也吸引了许多林间小动物来此觅食安家。鹭鸟在杉林上筑巢育雏，其粪便成为了杉林中各种植物天然的肥料。偶然掉落的幼鸟，也会成为赤链蛇的晚餐。杉树上除了住着鸟类，还驻扎着很多昆虫，也就自然吸引了那些以昆虫为食的动物们。壁虎会悄悄地爬上树干，寻找着可以吃的昆虫；蜘蛛则在枝丫间布下了小陷阱，等待着美食自投罗网。

▲壁虎

▲蜘蛛

林下的土壤层和落叶层中则生活着蚯蚓、马陆等小动物和各种微生物。在它们的共同作用下，落叶被分解成为养分继续滋养植物的生长。杉林也是刺猬非常喜欢的地方，遇到下雨天，那些爬出地面透气的蚯蚓可是它们最喜欢的食物了。

▲刺猬

即便是已经死亡的树木，也自有它的价值。取食朽木的甲虫幼虫在树皮下钻出一条条孔道，在昆虫和真菌等的共同作用下，坚硬的枯木逐渐变得松软，最终将和落叶一样回归大地。

这些杉林中的生灵一级一级构成了一张庞大的食物网，而林间所有的动植物一起组成了复杂而又稳定的生物群落。每一个物种都是生态系统中重要的一环，无论少了哪一环都会使得生态系统趋于脆弱和不稳定。

▲一种甲虫幼虫

▲正在衔枝筑巢的牛背鹭

树梢上的归巢

每年3月末，同里湿地周边的鹭类们会陆续聚集到这片杉林，准备开始鸟生大事——孕育后代。如果你恰好在这段时间光临同里湿地，那很可能会遇上“一行白鹭上青天”的壮观景象。此时，抵达公园的鹭鸟们首要做的就是寻找一棵合适的杉树作为今年繁殖巢的营造所。看着众多鹭鸟们在杉林中衔枝飞舞的身影，宛如一个个披着霓裳的仙子，让人陶醉。随着更多鹭鸟的来临，沉睡了整个冬季的杉林也彻底被鹭鸟们此起彼伏的叫声唤醒，摇身一变成了园中育婴房。或许你想象不到，高峰时，杉林中聚集的鹭鸟数量能达到几百只甚至上千只。

鹭鸟家族

鹭类大多有着优雅的身姿，大长腿、长脖子和长嘴巴。这些特征也让它们能够在水中闲庭信步而不至于打湿羽毛，还能灵活地猎取鱼虾等水生动物。但是，不同的鹭类也有着不一样的形态和生活习性。

同里湿地最常见的鹭类有四种：白鹭、牛背鹭、夜鹭和池鹭。

白鹭

牛背鹭

白鹭

也被称为小白鹭，身长55~65厘米。全身覆盖白色羽毛，颈部稍呈“S”形。眼部虹膜黄色，喙较细长且黑色，脚趾亮黄色，犹如穿了一双黄袜子。常在水滨或浅水中捕食鱼虾，会用脚在水中搅动而惊出猎物。

牛背鹭

身长46~56厘米。全身覆盖白色羽毛（非繁殖期），额头略带棕黄色。喙较粗短且黄色，脚黑色或暗黄色。常在旱地或水田觅食，擅长啄食昆虫、黄鳝、蛙类等。因常停在牛背上而得名，其实它是伺机捕食被牛等牲畜惊起的昆虫。

夜鹭

身长58~65厘米。额头、背部披有灰棕色羽毛，其余部分为灰白色。脖子短，且站立时常缩着。眼部虹膜红色，喙黑色，脚黄色或者肉色。它不同于其他鹭类，喜好傍晚至夜间活动觅食，喜欢鱼虾、蛙类等。

池鹭

身长42~52厘米。头颈具褐色纵纹（非繁殖期），背部以及两侧翅膀覆有深褐色羽毛，其余部位呈白色。喙黄色，端部黑色，脚黄绿色。喜欢游走于水滨农田捕食鱼类、蛙类和昆虫等小动物。

夜鹭

池鹭

孕育新生

换装

在鸟类世界，大部分鸟的羽色呈现雌雄差异，且雄性的羽毛往往更靓丽，比如，我们熟知的鸳鸯。这是因为，在鸟界，雄性需要通过体态样貌引起雌性的关注，赢得交配权。但是，鹭科鸟类却是雌雄同色的鸟类，也就是说，从羽色上无法对它们的性别进行区分。到了繁殖季节，性成熟的鹭科鸟类便会统一换上装饰羽毛——繁殖羽。白鹭会在颈后长出2~3根辫子般的白色饰羽，背部和下颈还会长出蓬松丝状的蓑羽。夜鹭的脚则会由黄色变成桃红色。牛背鹭的头部、颈部、上胸和背部会长出橙黄色的饰羽。池鹭更是大变装，其头部和颈部的羽毛变成栗红色，胸部长出栗紫色的饰羽，整个背部长有蓝黑色的蓑羽，仿如一件披风。

▲白鹭非繁殖羽

▲白鹭繁殖羽

▲夜鹭非繁殖羽

▲夜鹭繁殖羽

▲牛背鹭非繁殖羽

▲牛背鹭繁殖羽

▲池鹭非繁殖羽

▲池鹭繁殖羽

筑巢

我们常常以为鸟巢是鸟的家，其实鸟巢是鸟类产卵孵化的地方。成功配对的鹭鸟会在杉树的枝头，选择一个安全的地点筑巢。同里的杉树林高大而紧密，四面环水，食物充足，算得上一处好地方。通常，夜鹭会最先到达，白鹭紧跟其后，牛背鹭及池鹭抵达得最晚。雌、雄鹭鸟会协同叼衔树枝，在树杈处搭建成一个浅盘状巢。它们喜好集群营巢，有时一棵杉树上巢甚至可多达10个，相邻巢距离通常保持半米以上，但难免也会有冲突，为了抢占优势位置偶尔也会大打出手。

▲林间筑巢的白鹭

哺育

产卵先后与到达时间一致，同里湿地的夜鹭3月底便有产卵记录。白鹭则稍迟，牛背鹭及池鹭则需等到4月中下旬。雌鹭通常产2~6枚卵，卵呈圆形或椭圆形，卵壳多呈蓝色或绿色，由雌、雄鸟轮流孵化。通常20天左右，雏鸟便出壳了。鹭鸟的雏鸟属于半晚成性，也就是说出壳时就身披绒羽、拥有视觉，但它们仍需双亲哺育一段时间。双亲会共同捕捉鱼虾等食物，然后将半消化的食物吐出喂食雏鸟。整个4~5月的杉树林中便充斥着小鹭们的嗷嗷待哺声。到了6月，这群幼鸟便开始慢慢飞行了。

▲尚在巢中的白鹭幼鸟

▲20天左右几乎可以出巢的夜鹭宝宝

杉林的守护

进入秋季，鹭鸟们便会陆续飞离杉林，前往周边水乡生活。待到下一年春暖花开季，所有鹭鸟仿佛如约定好一般，再次在此处汇集营巢。一年复一年，鹭鸟家族的生命之轮便在同里湿地的这片杉林中不断轮转着。如今，杉林的命运也早已与鹭鸟家族的兴盛紧紧联系在了一起。而支撑杉林生态系统运行的背后动力，是身居杉林中的每一个生命体。它们看似渺小微不足道，但彼此却能遵循自然之道，形成如此精巧的系统。但这个生态系统是否能满足如此庞大的鹭鸟群呢？

▲白鹭

救与不救

杉树高大并且分枝多，是非常适合鹭鸟筑巢的树种。但是，如果一棵树上出现太多的鸟巢，那对雏鸟来说也并非是一个安全之地。因为杉树枝往往比较脆弱，并且在4月初，杉树还没有长出太多新叶，所能够提供的支撑力非常有限。但此时，鹭鸟已经完成了筑巢和产卵的活动。如果此时恰巧遇上刮风下雨的天气，很容易造成卵及雏鸟的掉落。

每年春、夏季，公园的杉林中都有鸟卵或者雏鸟跌落。它们要么是因为鸟巢不稳而被风刮落的，要么是在试飞练习中不慎摔落的。面对这些楚楚可怜、羽翼未满的幼鸟跌落场面，救或不救，总是会成为园区工作人员和游客间的矛盾点。

从动物福利的角度而言，面对柔弱的生命，人们第一时间一定会想到救助。但如果从生态学的科学理性角度来分析，便会有不一样的看法。无论雏鸟是否因为天气原因而陨落，其实背后都是一种自然选择的过程。即便在没有人为干扰的情况下，自然界中的每个生命从出生到死亡都会面临各种威胁，它们有的是因为种群内部的竞争，有的则是面对捕食者或者自然环境（非人为干扰）的变迁而引发的。而对于这样的情况，我们更多时候更适合秉持不干涉的态度。

如果跌落的雏鸟恰好身体无碍，其实最好的处理方式是远离它。这时亲鸟很可能就在它的周围守护着。

此外，鸟类救助其实并非想象中的那么容易。绝大部分野生动物的幼体，如果接受了人工的饲养环境，便几乎不可能再重新回归自然。因为亲鸟提供的不仅仅是物质上的抚育，还包括在野外环境的生存技能的培养，而这些都是人类饲养者很难提供的。

因此，在实施救助前，我们需要考虑的不仅仅是当下的人道主义，更需要从长远角度考虑救助对象的未来。公园在对待鹭鸟救助问题时，也秉持这样的原则。如果下一次你恰巧遇到了跌落的雏鸟，也希望能理解救助行为背后的复杂，尊重自然。

从另一个角度看，过多数量的鹭鸟在此筑巢、捕食，其实也会对杉林的生态资源及其周边湿地造成一定压力。表面看似减损的幼鸟数量，其实在一定程度上也控制了鹭鸟种群的数量，帮助它们更好地适应这片森林沼泽能容纳的生物数量，让这片杉林可以真正地可持续运行下去。

▲从巢中跌落而亡的鹭鸟宝宝

▲掉在地上的白鹭幼鸟取食亲鸟投下的小鱼

▲觅食中的鹭鸟

科学守护

不知道你是否会奇怪，为什么这群鹭鸟都要聚集到同里湿地呢？其实，这和周边湿地环境过度开发有密切关系。鹭鸟的营巢需要高大有支撑力的树木，并且周边靠近水塘，便于亲鸟捕食。如今，在周边地区，像同里国家湿地公园这样能提供大规模营巢的林地环境已经非常罕见了，才更显得同里湿地的可贵。为了保护鹭鸟的营巢环境，每年6~8月，园方都会对杉林步道进行封闭管理，以尽可能减少对鹭鸟的人为惊扰。

现在，你可能已经走完了整条木制步道，不知道是否留意到其中暗藏的巧思呢？你不妨先轻轻跺一下脚，便会发现这条步道并不是直接铺在地面上的，而是被凌空架起了一尺高。为什么公园要这么设计呢？其实，起初这条步道的确是贴地建造的，直到有一次，工作人员在栈道下发现了一些被卡着的动物尸体，才意识到原来的建造方式阻碍了某些动物的正常穿行。为了尽可能减少对这片杉林的影响，公园决定对步道进行整改抬高，于是才有了这条“生态廊道”。工程完工后没多久，原本栈道下的植物也重新破土而出了。

▲杉林木制步道侧面特写

游览线路建议

杉林步道也是园内最受欢迎的游线。你可以在银杏码头上岸后，穿过自然课堂后的竹林，过桥后就是杉林步道区了。这片杉林是公园重要的造氧厂，你可以沿着步道缓行的同时吐气纳新，与这片杉林来个亲密接触。除了冬季，你很大的几率会在杉树的枝杈上遇见白鹭、夜鹭等鹭鸟。

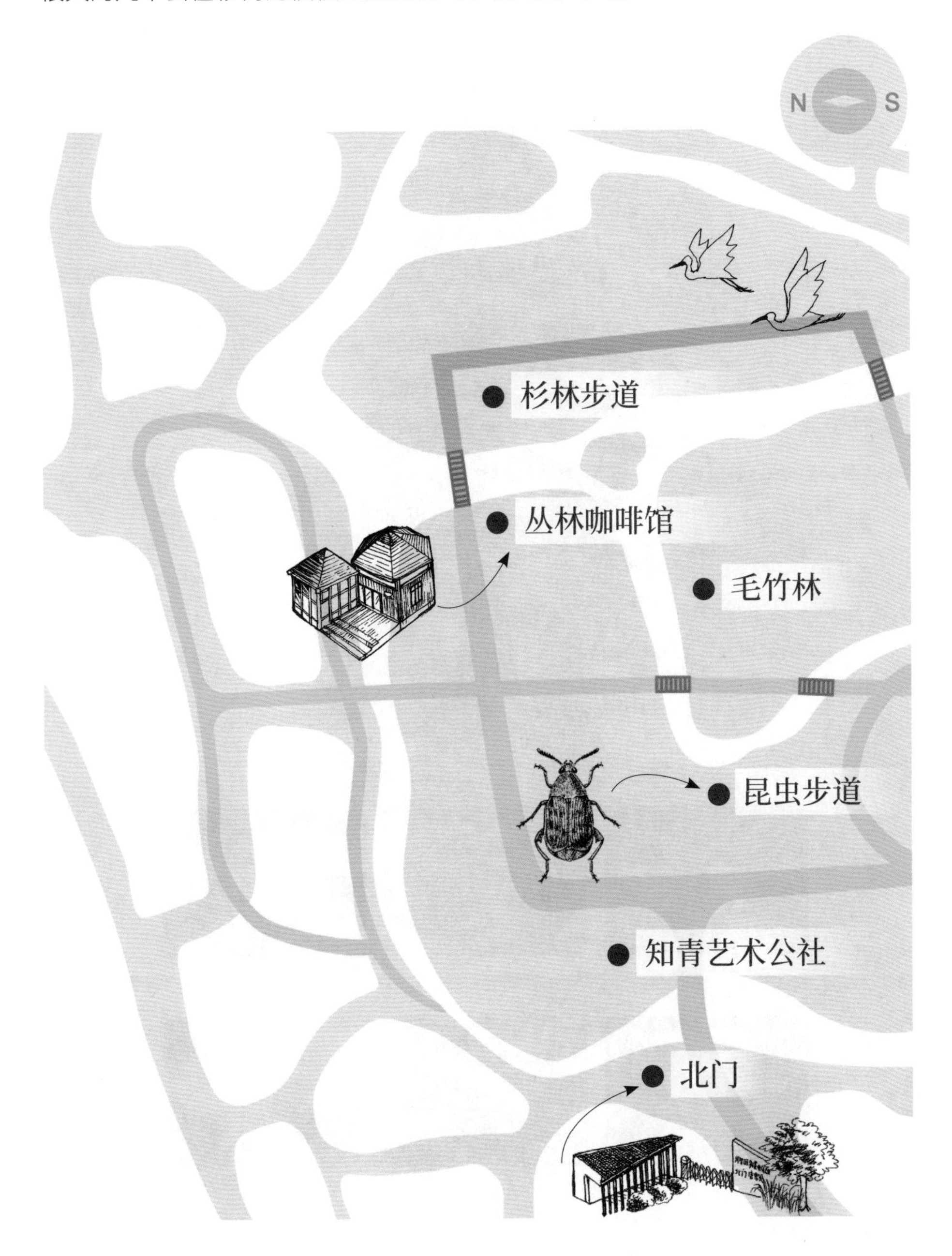

一棵树的世界

每一棵杉树犹如一个微型的生态系统，从树梢到树脚下，都住着不同类型的生物。它们会根据各自的习性选择在不同树层的“房间”安家。它们有的并不轻易显露踪迹，需要你仔细观察才能发现。现在你能尝试把它们找出来吗？

1.筑巢的白鹭　2.蚰蜒　3.蜕变中的蝉

4.蕨类　5.刺猬　6.牛背鹭

第四章
春日芳草

- 小草本大智慧
- 不时不食
- 救荒本草

早春三月，百花初绽，正是踏青赏花好时节。当你沉醉于桃花、樱花、玉兰、海棠的千娇百态时，是否留意过路边、脚下同样五彩缤纷的微型世界？春花可不是树儿的专利，那些脚畔“才没马蹄”的野花浅草也在早春暗暗上演着争奇斗艳的精彩剧目。如果你愿意俯下身去，一定会惊奇地发现，这些看似不起眼的“杂草”所营造的微观世界，其缤纷多姿丝毫不逊色于人工雕饰的园林：救荒野豌豆柔嫩的卷须衬托着粉色花朵，格外娇艳；蒲公英瘦果种子结成的绒球随时准备乘风起航；酢浆草心形的叶片层层叠叠簇拥着黄色的小花，在清晨展露

▲春日常见野花

笑颜，傍晚悄然谢幕；阿拉伯婆婆纳米粒大小的花朵点缀着地面，蓝紫色花冠和黄白色的蕊芯彼此映衬，俨然一幅精美的工笔画。它们默默地为大地披上春衣，更为久眠刚醒的昆虫提供了苏醒后的第一餐。同里的先民也早早学会了辨识、采集和烹制野菜的方法，无论在佳节时令还是饥荒年代，这些野草春花也成为同里人餐桌上的常客。如果此刻你已经迫不及待想了解背后的故事，就请你停下匆匆脚步，放低身姿转换视角，从自然课堂教室外的小路开始，跟随我们低头潜入春日芳草的秘密花园吧。

小草本大智慧

沿着自然教室门前的石块路向米丘学术交流中心方向前行，你会发现大片的绿化草坪和林下野地。镶嵌在碧绿草地间的是红、黄、蓝、紫各色小野花，散落丛中等待着你去俯首寻访。所谓“野”，通俗地讲就是非人为有意栽培，依靠天生天养。公园这片草地植物大部分是土生土长的“原著居民”，或是被风或动物从周边裹挟至此的“新移民”。它们中有些已在此形成了规模效应，发展成为优势种；有些看上去形单影只，却也占有着生命世界的一席之地。

许多野花乍看相似，实则各有各的精巧。早春时节，你会有机会在本区域观察到20~30种野生草本植物。不妨尝试用本章的“同里春花打卡”活动任务单（P72），看看你能记录到多少种野草野花吧！

▲蒲公英

小知识

草本植物

草本植物相较于木本植物，其茎内所含木质化细胞少，无法拥有结实粗壮的树干和遮天蔽日的树冠，因而通常植株矮小，茎干柔软，寿命较短。

野草的一生

与木本植物相比，大部分草本植物的生命周期比较短暂。而这个生命周期的选择，也是这些看似柔弱的小草在漫长演化过程中所获得的一种适应环境的生存策略。一年生植物春生秋实，中规中矩，按部就班；多年生植物“家底殷实”，根系粗壮，花期多样；二年生植物就略显“心机”

▲绽放中的野花

了，赶着夏季来临前开花结果，夏至而枯，以此避免高温干旱对生长的负面影响和夏季与其他物种在空间、光照、营养等资源上的激烈竞争。而更为精彩的是，草本植物在繁殖策略的选择和进化上使出了浑身解数，才形成今日千姿百态的草花景致。

小贴士

一年生草本植物

一年期间经历发芽、生长、开花然后死亡的草本植物。

二年生草本植物

通常首年完成发芽，长出根、茎及叶的生长阶段，并在寒冷季节进入休眠状态。第二年天气回暖后开花、结果并散播种子，直至死亡。

多年生草本植物

指能生活二年以上的草本植物。大部分以地下部分的茎块形式过冬。

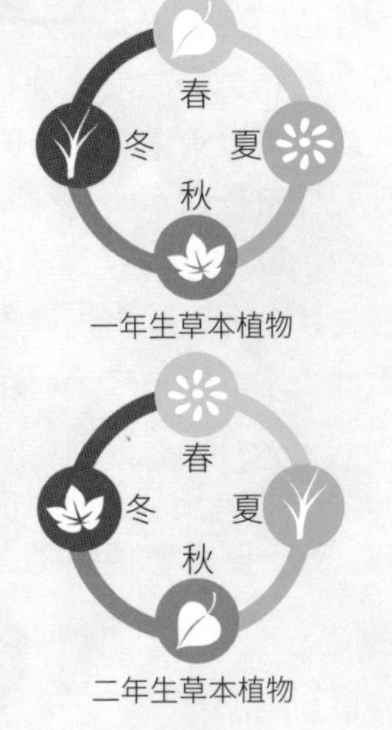

昆虫餐厅的广告牌

公园春季开花的草本植物中，大部分依靠虫媒传粉，也就是说这些野花需要吸引相应的昆虫帮助它完成授粉结实的过程。当然，昆虫访花可不是无私奉献，它们是为了获得花蜜或花粉作为食物。这恰恰是大自然巧妙安排的一种互利共生关系。如果把人们眼中美丽的花朵比作昆虫的餐厅，花朵们利用千姿百态的造型和鲜艳的色彩来吸引昆虫，就好比是昆虫餐厅的广告牌。

▲附地菜的花

附地菜就会把花朵当作“餐厅包厢”来管理，根据包厢的授粉情况，为它们挂上不同的招牌，以吸引昆

▲通泉草

虫。它们的花乍看只有指尖大小，颜色也不鲜艳，所以少有人注意。但细看浅蓝色的五瓣小花十分精致，顶端未开放的花苞蜷曲成螺旋状，很是可爱。如果凑近观察，细心的你可能会发现一件有趣的事情：在同一串小花中，有的花心呈黄色，有的却是白色，这是为什么呢？原来，黄色是大多数昆虫最敏感的颜色之一，刚开放的花朵中心呈现黄色，仿佛在向昆虫发出“这里有吃的！”的信号。而一旦授粉完成，这一圈黄色便会褪去，变成白色，告诉昆虫“这间包厢已招待了客人，请去隔壁就餐！”这样能够让昆虫聚焦于未授粉的花朵，提高传粉效率，是不是很聪明？

通泉草是另一种公园里极常见的一年生小野花，常常分布于湿润的草坡、沟边和路旁。传说在它生长的地方向下挖掘，能挖到泉眼，因此得名。通泉草的花冠就不是“餐厅包厢”了，而是一个个“昆虫机场”。它显眼的浅白色下唇瓣向外延伸扩展，形成一个宽敞的“停机坪”，表面凸起的“航道线”上还刷上了橙黄色的“停机指示灯”，指示昆虫稳稳地降落，舒舒服服地享用花朵底部潜藏的花蜜。在畅饮花蜜的同时，昆虫的身体便会触碰到藏在冠筒内的雄蕊和雌蕊，沾上成熟的花粉或将另一朵的花粉蹭到这朵的柱头上，从而帮其完成了授粉的过程。

匍匐前进

你见过“野草莓”吗？在自然教室旁的林下半阴处常能看到大片贴着地面生长的植物，它们的椭圆叶片和红色果实都酷似小号的草莓，但果实食之无味，不像草莓那般酸甜多汁，这就是蛇莓。蛇莓亮黄色的五瓣小花，在早春很容易吸引昆虫的注意。鲜红的果实在鸟儿眼里是高亮的食物信号，而它们的种子则悄悄地通过动物排泄物传播至远方。不过，种子的发芽受到很多因素的影响，发芽率和成活率都难有保障，因此，蛇莓还有另一种更稳妥的繁殖方式——用匍匐

▲蛇莓的花

▲蛇莓的果实

在地面的茎进行营养繁殖。每一条游走在地面的匍匐茎都能在多个节点向下生根，向上长叶，形成新苗，并利用老株吸收营养快速生长。如果你想要试图顺着一朵花相连的茎划分出属于这一株蛇莓的全部花叶，不出半分钟大概就会崩溃了，因为有时看上去铺散在地面的大片蛇莓，很可能就是同一株通过这一方式长成的。古人将其称为“莓”就是注意到了它的这一特点。“莓”古意指苔藓，后引申为低矮的蔓生性草本，是对蛇莓这类匍匐草本植物颇为形象的总结。

与“菌”共舞

暮春到仲夏，有一种精致小巧、造型独特的小型地生兰花会悄然开放，那就是绶草。它时常混迹在公园的草坪上，宽线形的叶片并不起眼，未开花时不易察觉。但若是花期，你一定不会认错，因为它开花的形态实在是太特别了：粉紫色的花序不过筷子高，凑近看，粉红色小花沿着绿色的花轴螺旋上升，似旋转阶梯，又似故宫太和殿中的盘龙柱。《诗经》中也曾出现过它的身影：“中唐有甓，邛有旨鹝（音 yì）”（《陈风· 防有鹊巢》），其中的“鹝”就是指绶草。自然课堂门前的草坪区虽然也偶有绶草出没，但如果你想寻赏数量更多、更为震撼的绶草景观，还得移步至游客服务中心东侧通往公园南面的小路上，在靠近小路尽头附近的草坪上细细探访。

兰花对生活环境是出了名的挑剔，温度、湿度、土壤环境稍有不适就无法生长，因其种子极其微小，所含营养物质微乎其微。没有足够的营养为萌发提供能量怎么办呢？聪明的它们想到了请真菌来帮忙。比如，绶草就请了一种名为丝核菌的真菌来作自己的“保姆”，不仅在种子萌发阶段要依赖菌丝促进萌发，吸收生长初期所需的营养，“成年”以后，也要依赖长期共生在膨大根部的“保姆”帮助它吸收土壤水分和营养。在野外，绶草也理应是一种对环境要求不低的兰花。但奇怪的是，城市园林绿地内的人造“草坪生态系统”，居然恰巧满足了绶草挑剔的口味，即使在这类人工干预严重的绿化地上也时常能发现它们的身影。但是，即便顽强如绶草，也难以抵抗割草机或人为挖采。所以，小花虽美，请远观，请静赏，请留它在原地静静生长。

▲绶草

不时不食

中国人的饮食习惯中很讲究因时而食，即在不同的时节食用应季的食材，既是顺应植物的生长规律，更是顺应大自然的运行规律。同样的，许多时令节日也依着文化习俗对应着不同的佳节美食，如“三月三”荠菜包馄饨，“花朝节”吃百花饼等。

不过，由于中国国土辽阔，自然禀赋和气候差异很大，所能获取的节气食材存在不小差异，因此各地所食也有不同，或者同一种食物，其原料配方却也不同。比如，同样是清明节吃的清明团子，在不同地方制作所用的原料可以是人们熟悉的艾草，也可以是泥胡菜、苎麻等。

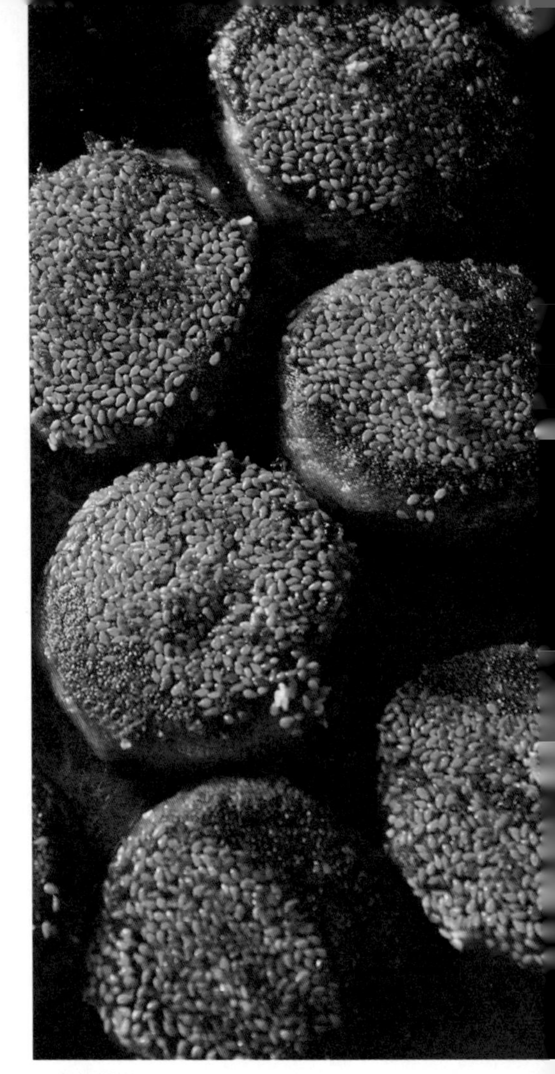

▲麦芽塌饼

小知识

二十四节气

二十四节气是中国人物候观察经验的产物，除了描述自然界的变化、指导农耕外，也发展出了各式各样的节气食俗，如惊蛰挖笋、谷雨采茶、芒种吃梅，等等。

揉草入面

麦芽塌饼是苏州同里古镇上一种传统的苏式茶点，也是当地巧妇们人人会做的乡土点心。同里人喜欢用麦芽塌饼做早点，也会在农忙时把它作为田间垫饥的好干粮。在以前，同里的麦芽塌饼必定要用鼠麴（qū）草作为原料。鼠麴草是公园草地上很常见的一种路边菊科植物，它的叶片似一个个小勺，表面毛茸茸的，非常容易辨认。在同里，鼠麴草也被叫作佛耳草或“面筋丝草”，前者是源自它先端宽大基部窄细的小叶片，尤其像菩萨那长长的耳垂，而后者则是因为用鼠麴草制作的麦芽塌饼口感黏连，甚至会粘在牙齿、喉咙里。4月，鼠麴草逐渐拔高并开出细小的黄花来，这时就可以采收了。将采集的鼠麴草洗净、剁碎，与米粉、适量麦芽粉和成面

▲鼠麴草

▲将鼠麴草与面粉混合

团，制作麦芽塌饼最重要的一步就完成了。但是，草地上的野草种类这么多，为什么麦芽塌饼偏偏要用鼠麴草呢？这一习俗的由来可能难以考证，从现代科学的角度推测可能是因为鼠麴草中的特殊成分：黄酮类、三萜类。它们有显著的抗细菌和真菌、抗氧化功用，加入到食物中，可以减缓食品中油脂氧化的速度，保护食品的风味和色泽。不过，现在很多同里人喜欢用口感更佳的泥胡菜代替鼠麴草，可能是因为人们可以用冰箱或者保鲜剂来代替鼠麴草中的有效成分了吧。早期的麦芽塌饼是没有馅的，随着生活条件的改善，现在也有了松子、核桃、豆沙、芝麻馅儿的麦芽塌饼。

春暖荠菜香

荠菜大概是大家最耳熟能详的野菜，同里当地人习惯在农历三月三日吃荠菜馄饨。不过要拌荠菜馅儿，那得在2月荠菜还没开花时采收。没开花的荠菜可不好认，很多没有经验的采集者会把荠菜与蒲公英等菊科植物弄混，可是蒲公英吃起来却非常苦。农人辨认荠菜有很多办法，一般是看叶子“锯齿”的指向，朝向叶基的是蒲公英，反之，朝向叶尖的则是荠菜。若是到了农历三月，荠菜多已开花，开花后的荠菜就很容易辨认了，白色小花沿着花轴自下向上次第开放。先开的花早早地就会结成果实，你一定曾经见到过这种可爱独特的果实，像是一棵挂满了爱心的微型小树。

▲荠菜的花序

清明特色食物

马兰就是一种曾经很常见的乡村野菜，其茎下部常紫红色，叶倒卵形，边缘有小锯齿，夏季开淡紫色的典型菊科花（实为管状花与舌状花组成的头状花序），喜成片生长。在江浙一些保留着清明吃寒食习俗的地方，人们采马兰幼嫩茎叶洗净焯熟后食用，以其“青”合清明之“清”。在很多地方，清明还要吃清明团子。清明团子的原料可以是鼠麴草、苎麻、艾草、泥胡菜等，各地不一。

儿时游戏

斗草

古时人们有“斗草”的游戏。斗草又分“文斗”和“武斗”，所谓“文斗”就是采草对花名，多者取胜，而若是“武斗”，则需挑选具有一定韧性的草，交叉成“十”字互相用劲拉扯，以不断者为胜。

救荒本草

植物与人类关系之密切，只消瞧瞧桌上三餐便可知一二了：各种白菜、青菜、豆类甚至香料，品种繁多、色香各异。除了这些市面常售的瓜果蔬菜，其实自然界还有许多美味的草本野菜，甚至是救荒粮食。作为曾经吴地最富庶的地方，同里这片土地上自古就孕育着丰富优渥的自然资源，许多颇具上古之风的救荒野菜今日仍在市井街角或荒野郊外悄然隐居。当然，同里湿地自然是它们更为自由且舒适的生长之地了。

▲阿拉伯婆婆纳

有毒的救荒草

救荒野豌豆，看名字就可以知道，这种植物一定因其灾年的杰出贡献而得名。在古书中，它的别名还有大巢菜、野菉豆、野豌豆等。救荒野豌豆开着紫红色的蝶形小花，4月上旬逐渐开始挂果，一枚枚不超指长的豆荚，正像是缩小了许多倍的豌豆荚。不同于豌豆，救荒野豌豆的豆荚可不能吃，其花果及种子都有微毒。那它如何能救荒呢？明代王磐撰著的《野菜谱》中说它“生熟皆可”，又说它“不种而生，不萁而秀；摘之无穷，食之无臭；百谷不登，尔何独茂。”其实是说它幼嫩

▲救荒野豌豆

的茎叶生熟都可食用，而不是吃它的豆荚、花果或者种子，而且不种而生，摘之无穷。救荒野豌豆可以说遍布全国，“采薇采薇”，采的就是包括救荒野豌豆在内的多种野豌豆。

猪吃了遭殃的猪殃殃

有一种野草形象特别，6片披针形叶片一轮一轮地生长，若不是长成绿色，只怕你还会误以为是花呢。这种茎叶小巧可爱的植物却有一个“恶名”：猪殃殃——猪吃了都会遭殃。这是怎么回事呢？《野菜谱》中是这样描述的：“猪殃殃，胡不祥。猪不食，遗道旁。我拾之，充糇粮。”原来是古人说猪不喜欢吃它，吃了会生病，就这么流传了下来。其实猪到底喜不喜欢吃并没有科学依据，但古人确实会食用猪殃殃。有研究资料显示，新鲜猪殃殃所含的铁、维生素C等营养成分的含量甚至要高于常见栽培蔬菜。那为什么现在没人吃了呢？只要你动手轻轻碰触一下它的茎就能明白了。它的茎干坚韧又细长，互相缠绕，茎叶表面密布小短刺，摸起来如同砂纸一样，要采收这种植物当野菜，怕是要弄得满手是伤。

▲猪殃殃

绿毯上的蓝宝石——婆婆纳家族

匍匐生长的婆婆纳常常低调地铺满整块地面，它们毛茸茸的小叶片挨挨挤挤形成一张天然的绿色地毯，或蓝或紫或粉的花朵则在其间昂首绽放，4片花瓣两两相对，纤长的雄蕊探出花冠，相向而生，如同仰望着蔚蓝的天空拱手作揖。你可能总觉得它们有点儿眼熟，似乎在哪儿见过，也许是楼下小区里的绿化带，也许是街心公园的草甸上，也许是上班途中一闪而过的花坛里。尽管十分常见却总是被忽略，婆婆纳们依然不骄不躁，年复一年地静静开放。如果你从未静下心认真观赏过这种小野花，那一定不要错过在公园寻访它们的机会，因为在这片草地上，你能同时找到3种不同的婆婆纳：花蓝紫色、最显眼的阿拉伯婆婆纳，花粉色、稍娇小的婆婆纳和花米粒儿大小、茎直立生长的直立婆婆纳。

▲婆婆纳

作为春季最早开花的草本之一，婆婆纳属的几种植物对于古人而言可不仅仅是美丽的路边野花，更是寒冷而饥饿的冬末初春能够果腹救荒的实用口粮。王磐在《野菜谱》中写道：“腊月便生，正二月采，熟食。三月老不堪食。”意思是婆婆纳最适合在农历正月或二月采集，取嫩叶煮熟后食用。“破破衲，不堪补。寒且饥，聊作脯；饱暖时，不忘汝。”今时之日，我们早已不需依赖婆婆纳这些野草解决温饱问题，但也不能忘记这些不起眼的绿色精灵们曾在饥荒年间给予我们的温暖与能量。留给它们一片自由生长的空间也是设立同里国家湿地公园、保护自然的意义之一。

游览线路建议

公园内有好几处适合观赏春花的地方，我们为你挑选从银杏码头到杉林步道之间的必经之路。这个区域内的春花分布相对集中，便于观察。如果在春季到访公园，不妨途经这个区域时，放缓脚步，稍加留意脚下的五彩世界。

同里春花打卡

沿途一路你发现了多少种野花呢？为了便于记录，特别为你制作了这份观花任务单，你可以对照着这份任务单，在发现的野花上打勾。

当然，如果你还发现未在本页列出的野花，不妨用绘画或拍照的方式记录下来，看看能否借助工具找到它们的名字。

○蛇莓的花　○绶草　○附地菜

○婆婆纳　○荠菜　○通泉草

○救荒野豌豆　○鼠麴草　○阿拉伯婆婆纳

第五章 夏夜私语

■ 情歌大师

■ 午夜剧场

■ 微亮萤火

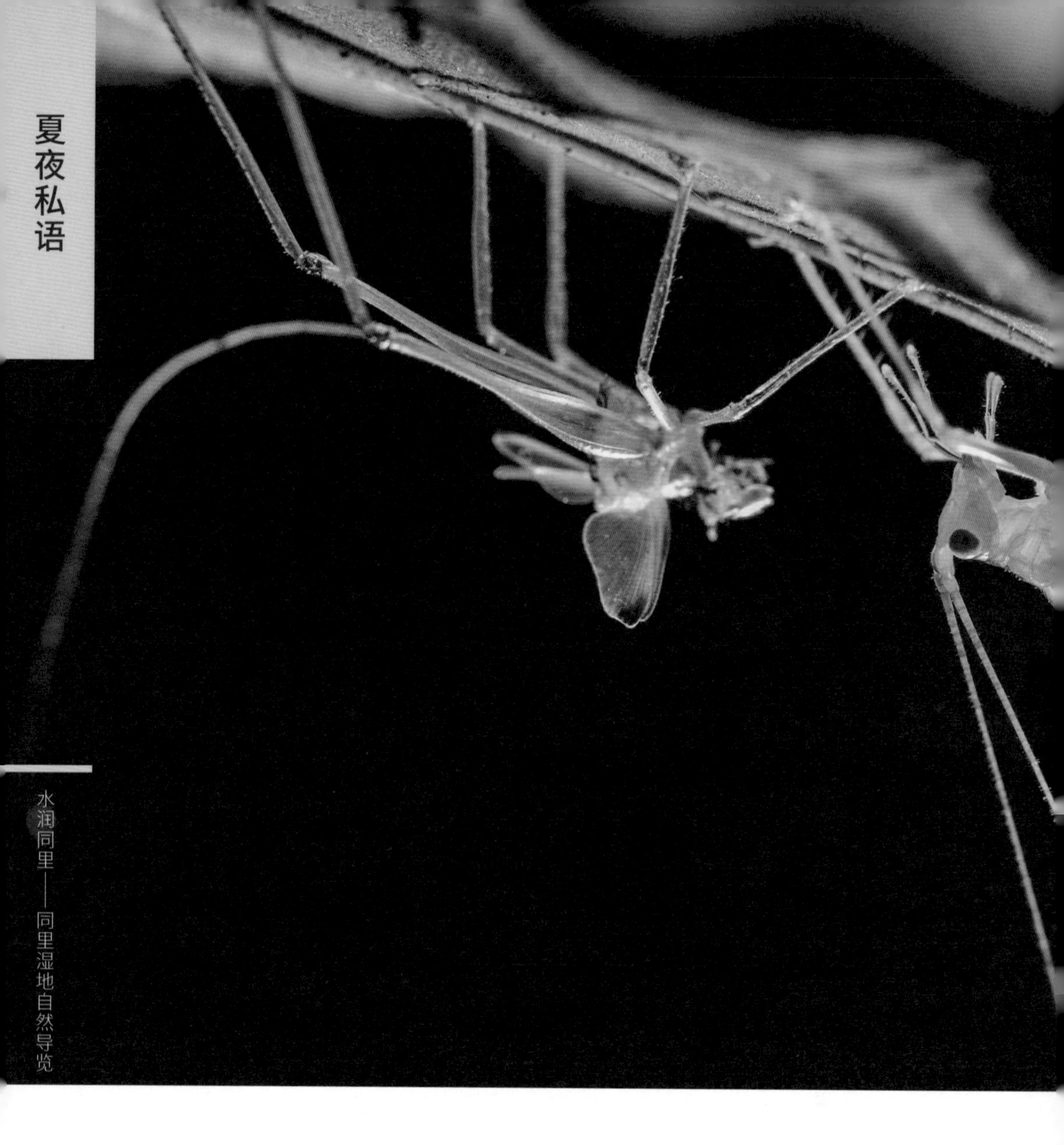

浓浓夏夜，白蚬湖上的微风夹杂着丝丝凉意，万家灯火逐一熄灭，水乡的人们结束了一天的辛苦劳作，纷纷进入梦乡。对人类来说，黑夜是一天的尾声，但对公园里的夜行性生物来说，它们的一天才刚刚开始。黑夜是最好的保护伞，使它们不必再如日间躲避酷日炙烤，还有利于逃离天敌的视线。同里湿地的多种昆虫、蛙类甚至黄鼬等小型哺乳动物都喜欢在夜间出没。在漆黑的夜间公园里，在每一个普通的角落中，其实都暗藏着生物，它们或正在大快朵颐地享受美食，或正在为完成求偶、交配这样的终生大事而努力着。

然而，在高度发展的长三角城市群中，很多野生生物原本节律的生活正因

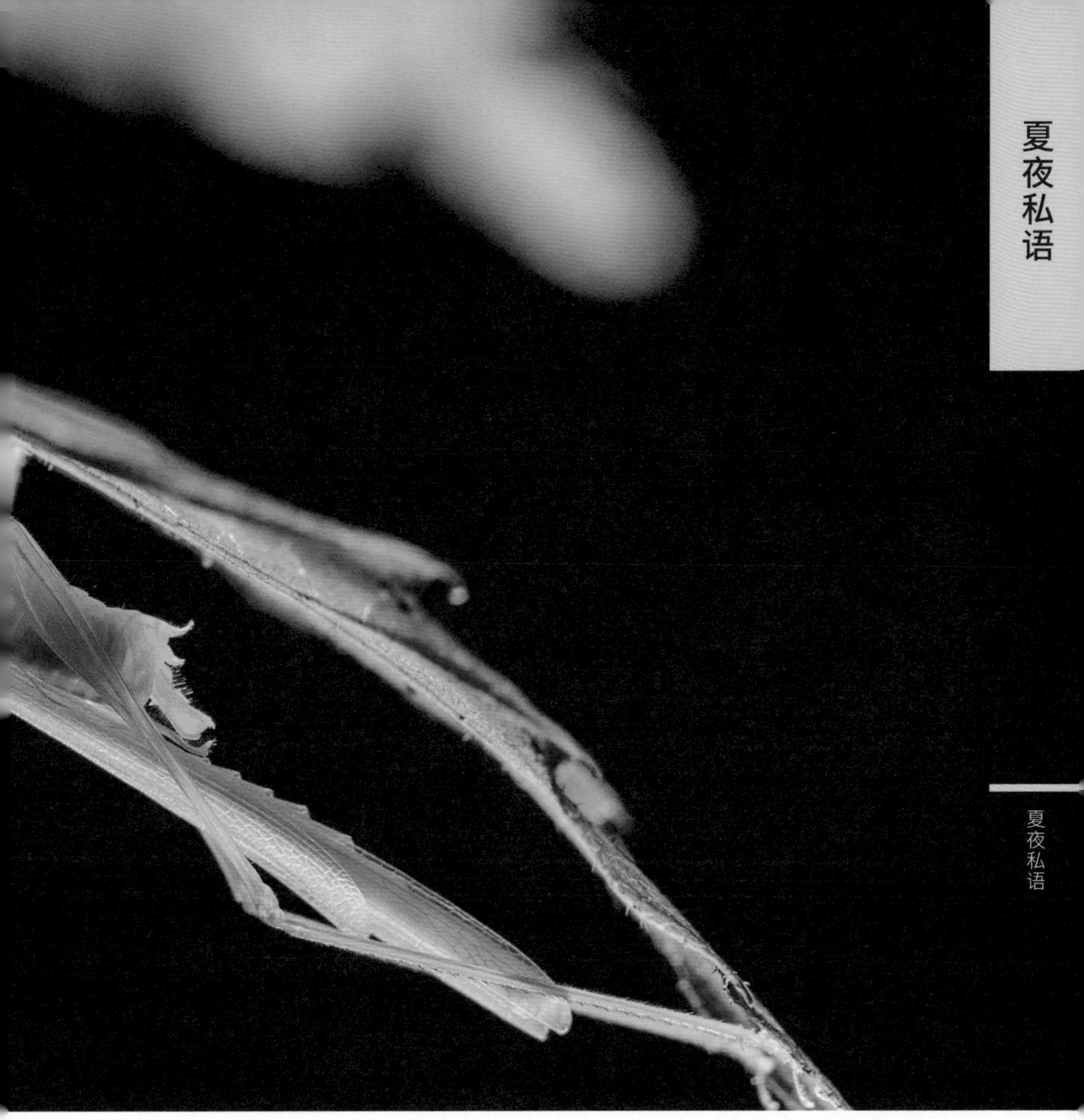

▲纺织娘及其刚蜕的皮

环境光污染、噪音污染等人为活动产物而被改变着。事实上，在亿万年的演化过程中，它们早已进化出了适应夜间生活的各项特征和生存绝技，一旦暗夜和静谧被打破，对其所造成的打击往往是毁灭性的。

好在公园管理者很早就意识到了这个问题。为了给这些小动物创造良好的生存环境，自建园起，公园管理者就提出了“暗夜守护”的理念。园内核心区不设置灯光，除了必要的科研工作，公园也不在夜间对游客开放，为的是努力守护好这一方夜色。也恰恰是这份默默的坚持，才会有马上要为你呈现的这份同里湿地之夜的勃勃生机。

情歌大师

夏夜中的同里国家湿地公园并不似许多人想象的那样万籁俱寂，反倒是蛙声虫鸣此起彼伏，好不热闹。由于很多动物的视觉功能在夜间被大大减弱，一些夜行性生物的求偶行为更加依赖于声音。这也为我们的观察提供了线索。在同里湿地，河畔、湖边往往会聚集着泽陆蛙、饰纹姬蛙等蛙类，它们洪亮的合奏声此起彼伏；蟋蟀、油葫芦等鸣虫则更喜欢在林下草间独奏小夜曲，用悠扬的歌声呼唤着另一半的到来。

▲水中的金线蛙

池塘蛙声

蛙类是同里夏季池塘边最常出现的野生动物。它们为什么喜欢在池塘边呢？青蛙、蟾蜍等都属于两栖动物，它们皮肤湿润裸露，虽然可以适应陆地生活，但依旧无法离开水。它们的幼体（蝌蚪）生活在水里，成年后则生活在陆地上。但是，由于蛙类依靠肺和皮肤呼吸，其裸露的皮肤需要保持一定的湿度，因此，它们通常总是活动在水源附近。同里湿地丰富的水系给它们提供了良好的栖息环境，因此两栖动物数量丰富。

对大部分人来说，“青蛙”并不陌生，很多人甚至有从小饲养蝌蚪的经历。不过其实“青蛙”是一类俗称，黑斑蛙、金线蛙等体色偏绿色的蛙都被叫成了“青蛙”。同里常见的蛙类有泽陆蛙、金线蛙、饰纹姬蛙等四五种。其中，只有金线蛙很少离开水体，多在池塘边或水面的浮水植物上栖息；其他的蛙类则都能够离开水源一定的距离，因此，在距离湿地稍远的林中也可能看到它们。

这些蛙类每年3~4月惊蛰之后，

会从休眠的土穴中苏醒，随即开始鸣叫求偶。不同的蛙类求偶时间有所区别，但从3月下旬到8月，总能在夜间听到雄蛙的求偶鸣叫。

▲饰纹姬蛙

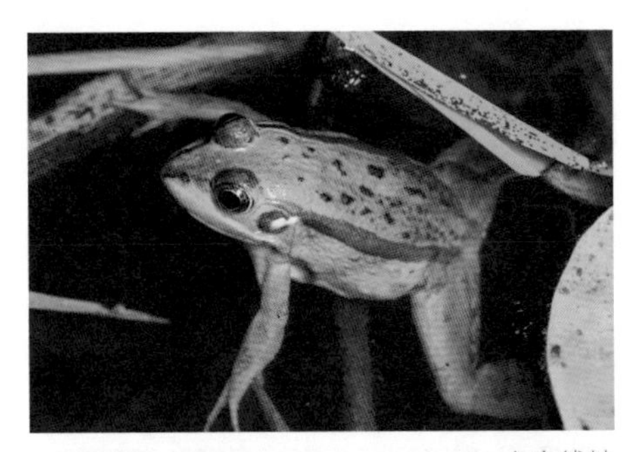

▲金线蛙

▲泽陆蛙

小知识

蛙的嗓门为什么这么大?

蛙和人一样，都有声带的结构，因此可以发出声音。但是，一只小小的蛙发出的声音比成年人说话还要响很多，而且动不动就是几个小时不停地鸣叫，这嗓子怎么受得了，它不会得慢性咽炎吗?

原来，蛙类还有一个特殊的结构，叫作“声囊”。雄蛙的咽部具有薄膜构成的声囊，可以通过共鸣来把声带发出的声音放大很多倍。换句话说，它唱情歌自带音响，可不是单靠嗓子吼。有时一群雄蛙在水塘里鸣叫，这水塘简直就成了青蛙的KTV包厢。

▲求偶中的雄性饰纹姬蛙，可见鼓胀的声囊

月下虫鸣

蛙类的鸣叫虽然声势浩大，但要论歌声的优美程度，却实在无法和鸣虫相比。鸣虫并不是一个学术术语，而是对那些可以用身体的某些部位发声的昆虫的统称。

在昆虫中，蟋蟀、螽斯类可以通过翅膀的摩擦振动发声，以此吸引异性的青睐。它们中的不同种类发出的声音无论是曲调、音色都有很大不同，熟悉的人甚至可以通过声音来辨别昆虫的种类。这其中有几种在公园中比较常见，叫声又有特色，不妨让我们一起来认识一下吧！

首先是迷卡斗蟋，也就是“斗蛐蛐儿”所用的那种蟋蟀。由于只有雄性的成虫才能鸣叫，因此虽然4~5月就能看到蟋蟀，但还是在8月以后，成虫出现较多的时候容易听到它的叫声。迷卡斗蟋有趣之处是，它的叫声会根据目的、情形不同而变化。比如，呼唤雌虫前来时，它的叫声就很响亮且持续时间长，我们常听到的就是这种鸣声；而当有雌虫被吸引来到它面前时，雄虫则会发出另一种低沉短促的声音，进一步吸引雌虫的注意；倘若是遇到“情敌”，准备打斗时，雄虫又会发出一种高昂、不规则的鸣声。

有一种蟋蟀和迷卡斗蟋有点像，身长18~26毫米，比迷卡斗蟋体型要大一些。它们通体褐色或黑褐色，身上油光锃亮，脸上有黄色，根据这副形象，被贴切地叫作黄脸油葫芦。它们白天隐藏在石块下，夜间出来觅食和交配。相较迷卡斗蟋，黄脸油葫芦不喜欢打斗，但鸣声更加婉转，因此也有人专门饲养，欣赏它的鸣声。

其实蟋蟀并不都生活在地面，有些种类喜欢在树木和草丛中活动，比如通体翠绿的中华树蟋，从它的名字就不难猜出，它是中国特有的昆虫，而且喜欢生活在树上。相较上面两种“土生土长”的蟋蟀，生活在树上的中华树蟋外形显得格外清新。它身体纤细，全身浅绿色或黄绿色，和叶色融合在一起时很难被发现。中华树蟋

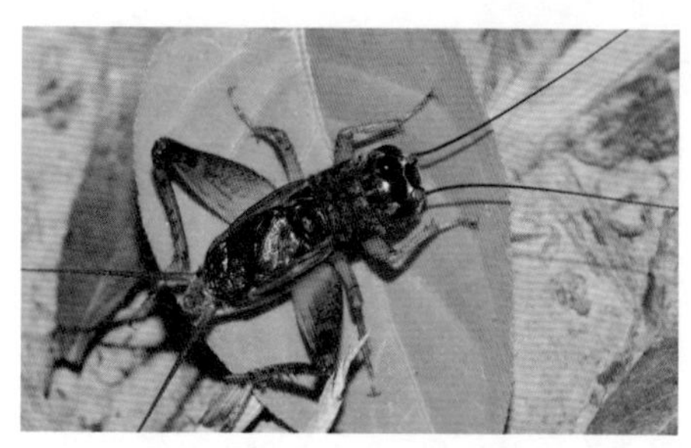
▲雄性迷卡斗蟋

▲雄性黄脸油葫芦

▲雄性中华树蟋

的翅膀呈半明状，仿佛披上了一层纱裙，显得十分轻盈。

相比迷卡斗蟋和黄脸油葫芦，中华树蟋的鸣声比较低沉，频率较为缓慢，但音色仍然十分优美。中华树蟋前足的内外两侧各有一个长椭圆形听器，就好比在腿上长了个耳朵。在公园中，经常可以发现中华树蟋在树叶的缝隙中鸣叫，借助两侧的叶片，可以进一步帮助它放大鸣声，就好比我们向远处的人喊话时，用手拢在嘴巴两侧一样。不知道中华树蟋何时学会了这一技巧，希望这招“大喇叭”能够帮助它早日“脱单”。

▲刚刚完成捕食的蜘蛛

午夜剧场

并不是所有的夜行性生物都忙着交配，还有更多的生物在夜间默默地为自己的晚餐做着准备。想象一下这样一幅画面：此刻夜幕已经降临，在黑暗的掩映下，金龟子找到了合适的树叶，准备大快朵颐一番，螳螂则悄悄躲藏在枝条上伺机而动，蜘蛛勤勉地修补着蜘蛛网，等待着猎物上门。

你可能奇怪，我们是如何发现它们的足迹的呢？其实，每一个物种出现的时间、位置都有其相应的规律，只要熟悉掌握这些生物的生活习性，就像获得了一把敲开同公园夜生活的钥匙。接下来就为你揭晓这把钥匙的秘密。

食物在哪里，“我”就在哪里

动物的活动范围往往受限于它的食物，因此，知道它们吃什么，就知道能够在哪里找到它们。

大多数蝴蝶的幼虫对食物很是挑剔，它们往往只吃一种或者几种特定的植物。比如，稻眉眼蝶的幼虫，以禾本科植物的叶片为食，在夜晚多观察狗尾草等禾本科植物上是否有被咬的痕迹，就有可能发现它。

▲稻眉眼蝶

稻眉眼蝶的幼虫曾经还是个网红呢，由于头部正面看上去长得像 Hello Kitty，其照片在网上广为传播，受到许多人的喜爱。

▲稻眉眼蝶幼虫

大多数昆虫的羽化也选择在静谧的夜晚，“金蝉脱壳”这个成语所描述的就是蝉羽化变为成虫的过程。同里湿地有一种常见蝉叫蟪蛄，它体长2厘米左右，有着隐蔽性特别好的橄榄绿保护色，翅膀上还有斑纹。在夏天晴朗的夜晚，它会从地下爬出，到附近的树上羽化。由于蟪蛄的幼虫吸食树木根部的汁液，因此常出现在树林中，多观察杉林步道两侧的杉树树干，很有可能发现它。

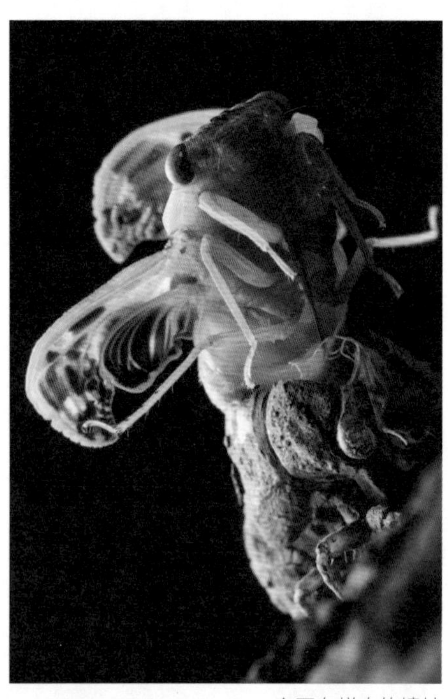
▲正在蜕皮的蟪蛄

▲正在晾翅的蟪蛄

小知识

羽化过程

很多昆虫的一生会经历：卵、幼虫、蛹和成虫四个阶段，而羽化是此类昆虫从蛹变成成虫的必经过程。羽化时，昆虫会用力扭动，增加体内局部血压对蛹壳的压力，使蛹壳开裂而从中脱出。但是，这个过程往往要持续几个小时，也是其最为脆弱的时候，观察时尽可能保持距离，减少外部干扰，以免阻碍羽化过程。

羽化阶段也是蟪蛄最为脆弱的时候，很容易受到攻击。在湿地公园的树上就住着一种动物，它会趁着蟪蛄羽化的时候，进行捕食。它就是蜈蚣。说起蜈蚣，很多人都会害怕，确实，蜈蚣有一定的毒性，如果去捕捉它或者不慎踩到它，它还会攻击人类。但在大自然当中，蜈蚣这样的捕食者却很有存在的必要。它们捕食其他小型动物，帮助控制这些动物的种群数量，从而实现大自然的平衡。蜈蚣捕食蟪蛄时，会用前端特化的一对足——颚肢紧紧将猎物钳住，然后注入毒液，并用长长的身体把对方卷住，等待毒液生效。

▲蜈蚣捕食蟪蛄

午夜出没的寄生杀手

除了直接捕食猎物，昆虫还有一种奇特的行为——寄生。寄生昆虫将卵产在其他昆虫体内，它的幼虫依靠取食被寄生者生长。不同种类的寄生昆虫对寄主也有特定的选择，寄生的阶段也有所不同，寄生卵、幼虫、蛹的情况都有发生。

有时候我们会在公园内树叶的背面发现如照片中一堆整齐排列的小罐子，这是一堆蝽象的卵，再仔细看，你会发现有一只很小的寄生蜂正站在卵上。这类寄生蜂会把卵产在蝽象卵内，通常每只卵里产一粒。幼虫孵化后直接以蝽象卵为食，等成为成虫后便会破壳而出，再去寄生新的蝽象卵。

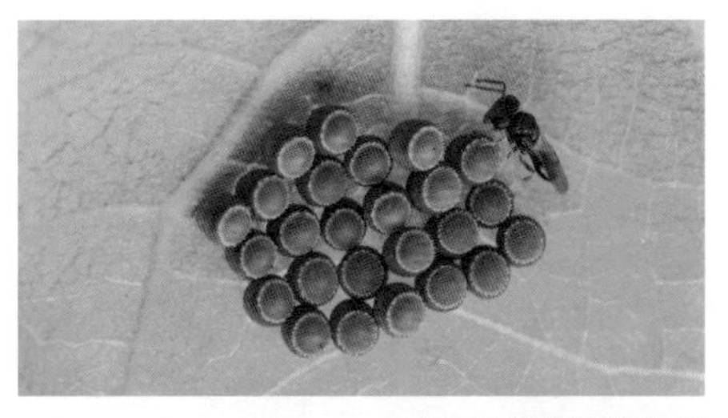
▲寄生蜂寄生蝽象卵

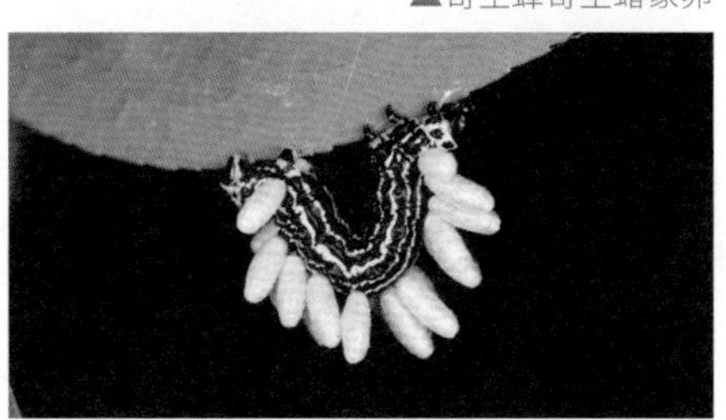
▲被茧蜂寄生的丝棉木金星尺蛾幼虫

昆虫的卵毕竟比较小，不容易观察，在夜间的同里，更容易发现的是被寄生的幼虫。图中这只丝棉木金星尺蛾幼虫背着的一个个白色“米粒”是茧蜂的茧。茧蜂一次将十几枚卵产在尺蛾体内，卵孵化后，幼虫就以尺蛾为食。但是，茧蜂绝对不会将尺蛾弄死，避免食用任何影响尺蛾存活的组织，以确保食物始终保持新鲜，因此直到茧蜂幼虫从尺蛾体内爬出做茧，尺蛾依然活着，还能背着茧四处行走。

如今，人们在对昆虫的寄生行为进行研究后，已经将其发展为生物防治的重要手段。通过培育赤眼蜂、肿腿蜂等寄生昆虫，再将之投放到树林中，以防治特定的园林害虫。

微亮萤火

萤火虫曾经伴随着一代代江南人的成长，是许多人童年中最美好的记忆。但最近的二三十年，随着环境污染以及化肥农药的大量使用，这些黑夜中的精灵却越来越难以见到。所幸同里的湿地环境仍然为萤火虫保留了一片家园，黄脉翅萤、条背萤均在此生息繁衍。夏季的夜晚，点点萤光点缀夜空，仿佛星河近在眼前，这梦幻般的场景触手可及，也是湿地公园良好生态环境最有力的证据。

▲条背萤

同里湿地的萤火虫

同里湿地有两种萤火虫，常见的一种是幼虫在陆地生活的黄脉翅萤，只有米粒那么大；另一种则是水生萤火虫——条背萤，体型稍大一些。条背萤幼虫生活在水中，以小型水生螺类为食。幼虫身体扁平狭长，呈棕黑

▲黄脉翅萤

▲条背萤

小知识

萤火虫的一生

萤火虫是一种被赋予浪漫意义的昆虫。全世界共有2000多种萤火虫，中国尚无准确调查数据，但处境十分危险。萤火虫一生必须经历卵、幼虫、蛹与成虫四个阶段，属于完全变态的昆虫。它的生长时间相当长，大部分种类为一年一代，并以幼虫期、蛹期或卵期越冬，夏季羽化后交配。一般幼虫期长达10个月，而成虫却只有20天左右的短暂生命。

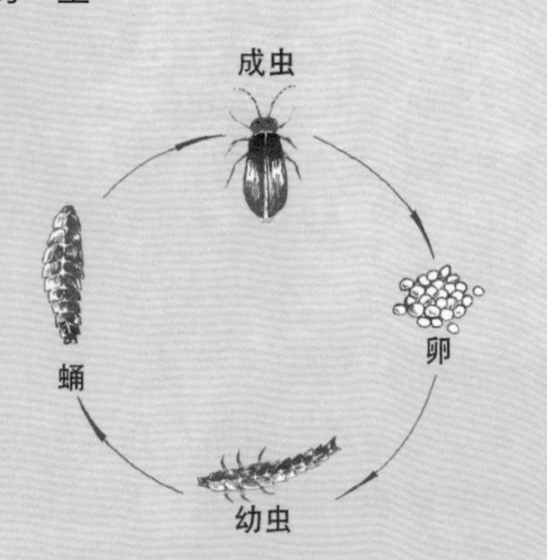

▲黄脉翅萤幼虫

▲条背萤幼虫

色，喜欢倒趴在浮水植物的叶子背面，不易发现。待到化蛹时候，幼虫便会爬上岸来，在地上寻找一个凹坑，用泥土做一个蛹室开始化蛹，约十天左右便会羽化为成虫。

黄脉翅萤生活在陆地上，但不论幼虫还是成虫，都喜欢相对潮湿的环境，因此，在荫蔽的林下落叶、草丛中容易看到它的踪影。黄脉翅萤的幼虫呈白色，长得有点儿像蛆，如果不是在发光，可能许多人都不会认为它是一只萤火虫。

黄脉翅萤的幼虫以软体动物为食，但因为它的体长只有1厘米左右，只能捕食一些小型的螺类。遇到螺之后，幼虫会向螺内注射毒液和消化酶，螺肉在酶的作用下逐渐分解，变为粥状，幼虫就喝这样的肉粥。有时看到一个螺在发光，那十有八九是萤火虫钻到了螺里喝粥呢。

当黄脉翅萤的幼虫化蛹再变为成虫后，它就不再吃东西了。成虫的存活就是为了繁殖。不论雌雄，黄脉翅萤都能发光，但雌性黄脉翅萤的光会弱一些，而且它喜欢停在一个地方，等待雄性来追求。可是萤火虫只是腹部发光，如果趴在地上，光不就被自己的身体挡住了吗？

显然，萤火虫也意识到了这个问题，所以雌性萤火虫常常将身体侧过来，腹部向天空的方向扭转，让光变得更加明显。此外，雄性黄脉翅萤的视力比雌性更为发达，能够敏锐地发现雌性的光。

离我们远去的萤火

萤火虫曾经是祖辈们儿时的伙伴，乡野常见的昆虫。在同里、江苏乃至整个华东，萤火虫曾广泛分布。就在二三十年前，村庄、农田周围还常能看到点点萤光。可是今天，这幅场景好像仅仅留在了童话书中。

为什么萤火虫会变得如此稀少呢？这和环境中光与水的问题密切相关。萤火虫靠发光传递信息，但微弱的萤光，岂能与灯光争辉？当夜晚越来越明亮，萤火虫发出的信号完全被淹没，无法找到彼此的它们，又怎能完成传宗接代的使命。

另一方面，很多萤火虫的幼虫在水中生活，或需要依赖近岸的湿地环境生存。城市和乡村发展造成水环境的污染，加之大量自然湿地和河岸被改造成硬质化的驳岸，萤火虫们也因此失去了赖以为生的家园。

▲城市光污染

为此，同里湿地不断探索更有效的管理策略。除了保护湿地并净化公园内的水环境，同里湿地还在核心区禁止设立路灯，夜间严格闭园，把夜晚还给自然的公园。除非有专业人员带领，为了特定的科研或教育目标，否则任何人不能随意在夜间进入公园。因为最大限度地避免了光照和人类活动的干扰，萤火虫的种群得到了有效的恢复。

除此以外，鉴于黄脉翅萤喜欢栖息在阴暗潮湿的林下，这里还特意保留了一些林地不进行清扫，任凭林下的植物自然生长，落叶覆盖地表，原生状态不被干扰的林下环境，不仅为萤火虫的生存创造了理想的家园，也使得它们的食物——小型螺类，以及其他共同生活在这里的野生物种，也都更加丰富。萤火虫就像同里湿地的夜间环境指示物种，指导人们更好地保护湿地，守护它们在这块无人干扰的天地中顺天性而为，并永远繁衍生息下去。

游览线路建议

湿地公园还住着许多夜行性生物，特别适合在夏季的野外探险。不过出于安全考虑，目前公园夜间还无法对外开放，访客只能通过参加公园组织的夜间观察活动方可进入。

你可以从北门进入公园，过桥后便是主要的夜观区，包括香樟林、昆虫步道和杉林步道等。

绘制湿地声音地图

声音是动物之间信息沟通的重要手段，像蝙蝠、鲸豚类动物甚至能通过声音进行定位，代替眼睛的功能。声音也是我们寻找野生动物的重要线索。

现在，请你找一个舒适的地方坐下，用耳朵仔细聆听周围的声音，并在下面选项中，给你听到的声音打个勾。

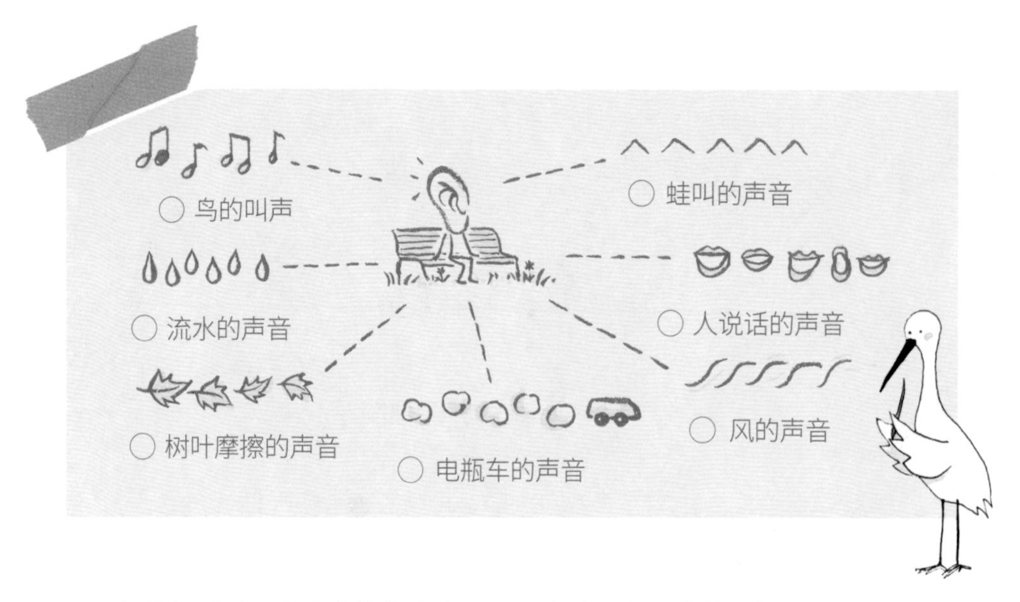

如果你听到了选项之外的声音，可以尝试用自己的符号把它绘制出来。然后，统计一下在5分钟内，你一共听到了多少种声音。

你一共听到了多少种声音呢？______

你最喜欢什么声音？______

希望哪种声音可以少一些呢？______

你为什么不喜欢这种声音，你觉得它对周围的生物可能会带来哪些影响？

______

第六章 秋之礼赞

- 秋叶有情
- 自然盛宴
- 秋收之喜

随着秋风吹起，同里湿地的生物们也开始进入新的生命阶段。草木们经历了春生夏长，在瑟瑟秋风中逐渐枯萎凋零，让养分回归树干与根茎，借此抵御即将到来的寒冬。动物们也活跃在公园的四处，它们尽情享受着大自然的饕餮盛宴，为即将到来的寒冬做好准备。水乡的人儿也在田间地头，收获一年辛勤耕种的成果。

秋之礼赞

▲秋日的杉树林

对喜欢自然的人来说，秋季是大自然馈赠的一堂艺术课。漫步在秋日的同里湿地，金色的梧桐叶、银杏叶，火红的三角槭、乌桕叶，构成了同里秋季最为明艳的背景色。如你兴之所至，不妨吟诗一首；若你爱好摄影，更不能错过这难得的美景；即便什么也不做，只是在醉人的公园秋色里流连，拾一片美丽的落叶，暂避城市的樊笼，也是一场放飞心灵的体验。

秋叶有情

每种树都有自己独特的叶形和叶色。在同里国家湿地公园，许多树木的叶色在秋、冬季会变成温暖的金色或夺目的红色，层层林木交错相生，形成了不同于春、夏葱郁的错落景致，别具情趣与暖意。

纷纷飘落的彩色的叶片，也给大地盖上了一层薄被。在林下落叶层间，蚯蚓扭着纤长的身躯在土壤中舞蹈；小甲虫在枯叶迷宫的掩护下东奔西走；数不清的真菌顶着小伞偷偷张望。树木将落叶回馈给大地，同时也庇护了土壤中无数的小生命。

▲池杉

赏叶进行时

树叶在秋季为何会变色呢？这和温度、光照都有关系。进入秋季，随着温度降低，使叶片呈现绿色的叶绿素的合成停止，并逐渐被分解，使得原本就存在于叶片中的类胡萝卜素颜色显现，叶片就会呈现黄色或橙色。而有些树种还会在秋季产生红色调的花青素，使叶片变成红色。花青素的多少决定了红叶的灿烂程度。降温缓慢、晴朗干燥的秋天，红叶更加艳丽，持续时间也更长。从游客服务中心到丛林咖啡馆，沿途上都能见到色彩鲜艳的树种，就让我们在欣赏美景的同时，来看看它们都是谁吧。

红叶主力军——三角槭

一提到红叶，最容易让人想到的就是红枫等枫树。但事实上，这些秋季叶片变红的“枫树”都属于槭树科，而且自古以来，我们的祖先就以“槭”相称。从游客服务中心大楼外的花坛区开始，首先能欣赏到的就是三角槭（三角枫）。不同于人们印象中枫树手掌状的叶片，三角槭的叶片只有三个角，显得圆润质朴，如同胖胖的鸭子脚掌。入秋以后，满树的绿叶逐渐变红，其间也夹杂着深浅不一的黄色、橙色，远远看去似油画笔触一笔一笔叠加，层层叠叠，美不胜收。

▲春、夏的三角槭

▲三角槭的树叶

槭树除了用于观赏绿化，还是良好的木材，古时用于制作车轮，还可制作家具、农具、枕木等，集颜值与实力于一身，难怪被人们广泛种植。

枝头红心——乌桕

沿河而行，路旁还有乌桕静静伫立。在夏季的树林中，乌桕似乎不甚显眼，但到了秋季，却让人无法不注意到它。乌桕是著名的秋季变色树种之一，陆游的诗句“乌桕赤于枫，园林九月中”就形容乌桕的红叶更甚于枫叶，如火如荼，让人怦然心动。乌桕的红叶之美，是形和色的缠绵交织。菱形叶片自枝条垂挂，错落交叠，好似一颗颗红心挂在枝头，随风摇曳。

此外，乌桕的叶片大小适中，厚度也正好，捡起一片夹在书里，干燥后就成了天然的书签。将之送与远方好友，聊赠一叶秋，却也别有一番意味。

▲乌桕的红叶

一叶知秋——梧桐

在丛林咖啡馆对面的路旁，还有一棵梧桐，宽大的叶片秋季变黄后脱落，十分容易辨认。梧桐是有名的“知秋”树种，古人有“梧桐一叶落，天下皆知秋”之说，意思是梧桐为万木之中最先落叶的，一到立秋就会落下第一片叶子，因而也被古人认为是有灵性的树木。

▲梧桐叶

古人还认为梧桐能引来凤凰，传说凤凰“非梧桐不止，非练实不食，非醴泉不饮。”诗经中也有写道：“凤凰鸣矣，于彼高冈。梧桐生矣，于彼朝阳”（《大雅 · 生民之什 · 卷阿》），这可能是凤栖梧桐之传说最早的来源。

能让人将其与凤凰相配，梧桐到底有什么特殊之处呢？大概是因为它笔直高耸的树干和宽大的叶片所体现的大气之风吧。梧桐的生长周期可达百年以上，老树能有十几米高，宽大的叶片向下微垂，雨滴打在叶面上有回音、有节奏、有韵律。“一声梧叶一声秋，一点芭蕉一点愁”，秋季的梧桐叶色暖黄，时而随秋风簌簌而落，时而遇秋雨滴答作响，即便是落在地上，铺就一地金黄，也是别样的景象。

▲梧桐的果实与种子

落叶的回馈

“落红不是无情物，化作春泥更护花”（《己亥杂诗》龚自珍）。凋零的花朵被微生物分解后回归大地，将成为植物第二年生长的养料。对于落叶来说，也经历着同样的过程，而且由于落叶的数量远远多于花朵，其中所含的有机物和矿质元素对土壤有着更大作用。枯枝落叶是森林生态系统物质循环的重要部分，也是评估森林生物多样性的重要指标之一。在落叶层与土壤间形成的独特微环境里，栖息着很多看似微不足道，却对生态系统至关重要的生物。落叶庇护着这些生物，同时在它们的共同作用下化作春泥，为土地提供了滋养与保护。

微观世界

落叶的分解过程中，微生物起到了举足轻重的作用。覆盖着落叶的土壤层潮湿、阴暗，是微生物极其喜爱的“扎营地”。大多数微生物由于体型微小，我们无法用肉眼观察到，但在雨后的同里湿地，蘑菇这样的大型真菌还是比较常见的。

大型真菌在形成子实体（就是我们通常看到的蘑菇）之前，会以菌丝的形态在枯叶、朽木、土壤中存在。拨开层层的落叶，不难发现叶片上白色的菌丝，这些菌丝分解枯叶获得营养，在雨后温度、湿度合适的情况下，就会迅速长成子实体，并向外释放孢子进行繁殖。

▲叶片上的菌丝

▲3种不同形态的真菌

落叶层的居民

落叶的分解过程中，除了微生物的功劳，也离不开土壤动物的努力。作为最常见的土壤动物之一，蚯蚓勤勤恳恳地担任着“陆地生态系统工程师”的角色，细长的身体在土壤中钻来钻去，松土的同时也将其中腐败的有机物及枯萎的植物落叶碎片和着泥土一起吞食。甚至是一些对小型食草动物有毒的植物叶片，蚯蚓也能通过它体内特殊的生理结构及独有的化学物质“蚯蚓破防御素”完美消化，使得蚯蚓在“清理落叶”这项任务上有着其他动物无可比拟的优势。

除了蚯蚓这样的分解者，层层堆叠的落叶也为小动物们构建起了隐蔽温暖的居室，蟋蟀、步甲、地蜈蚣等各种节肢动物都喜欢在落叶层活动或躲藏。到了冬季，还有一些昆虫会将卵产在落叶下，利用落叶做棉被，保护自己的卵不受到低温的影响。

▲蚯蚓排出的粪便

自然盛宴

秋季是馈赠的季节，大自然的慷慨和智慧在这个时节展露无遗。随着秋叶纷纷飘落，树木露出光秃秃的枝丫，但仍有一些果实、种子挂在枝头，那是植物为动物们留下的盛宴。秋收冬藏，许多动物在这个时节饱餐一顿，然后或南徙越冬或筑穴冬眠。

在同里湿地生活的小动物们是幸福的，因为多样的湿地生态环境和丰富的物种资源为它们的秋季食谱提供了多种选择：杉树、乌桕富含油脂的种子，禾本科裹着麸皮的小巧穗粒儿，甚至是一些有毒植物，都可能成为特定小动物的饕餮盛宴。在这一过程中，植物也通过动物的取食将种子传播到了远方，留待来年生根发芽。

▲正在吃池杉种子的黑尾蜡嘴雀

救命野果

从丛林咖啡馆出门右转，走上不远处的小木桥，你大概就能邂逅一大丛结满火红色果实的火棘了。这丛长在河岸边的火棘繁茂而醒目，扁圆形的小果子聚集成团，镶嵌在枝头，如珊瑚珠般耀眼夺目。火棘俗称“救军粮”“救命粮”，顾名思义，它的果实没有毒性，在饥荒的时候，人也可以吃。

但是，火棘显然不希望人来吃它，它的果实很小，枝条上又有刺，就是为了防止大型动物来取食。火棘更偏爱鸟儿，鸟类没有牙齿，不能嚼碎种子，而且鸟类的消化道短，种子还没有被消化就排出体外，保持了发芽的活力，因此，能够帮助它传播种子。火棘的果期很长，果实从秋末到

第二年春节都挂在枝头，而且数量很多。在食物匮乏的秋冬时节，鸟儿就算找不到别的食物，总还有火棘可以充饥，这么说来，火棘无疑是鸟儿的“救命粮”。

▲火棘

一物降一物

我们常常把植物或者动物按照有毒、有害、有益等这样的方式分类，其实，这个标准是对人类而言的，在大自然中，所有生物并没有绝对的好坏之分。即便是看似剧毒的植物，也会有动物将其化为腹中美味，没有哪一个物种可以脱离“吃”与“被吃”的食物链而独立存在。以生态之美见长的同里湿地自然也处于这样一种动态平衡中。

就拿乌桕来说，乌桕的叶片有毒，掐断叶柄，从裂口处会流出白色的乳汁，这些乳汁有一定的毒性，也是乌桕防止被吃的秘密武器。乌桕的果实成熟时会干裂成三瓣，露出里面裹着白色蜡质外衣的种子，这些种子也是有毒的。但对于一些具有“特殊体质”的鸟类来说，这点毒性大概根本算不了什么。你看，这只黑尾蜡嘴雀就站在乌桕枝条上，衔着一串乌桕子吃得正欢。

沿着知青路向东，在第一座石桥与第二座石桥之间的路南侧，有一排楝树。楝，也叫苦楝，又名“苦苓”，可见其名与苦分不开。而楝树上最苦的部分莫过于它的果实——苦楝子了。10~12月长成的苦楝子未成熟时青绿色，成熟后金黄色，叶落而果不落，如小枣儿一串一串挂满枝头，甚是可爱。

▲正在大快朵颐的黑尾蜡嘴雀

▲吃苦楝的白头鹎

苦楝子虽然好看，却是极苦且含剧毒的，人类误食或过度使用苦楝药剂都有可能中毒，甚至危及生命。但是，灰喜鹊、灰椋鸟、白头鹎等鸟类却把苦楝子视作美食。有些鸟类取食苦楝子后会将坚硬的果核吐出，大一些的鸟儿则囫囵吞枣般咽下。与火棘一样，苦楝也借助鸟类传播种子。

湿地粮仓

看罢各色鲜艳可爱的野果，还有一类不起眼的植物，也在秋季为鸟类提供了大量的食物，这就是禾本科植物。我们所熟识的水稻、小麦等粮食都属于禾本科。在同里国家湿地公园，有至少30种不同的禾本科植物。禾本科植物的果实很小，也没有鲜艳的色彩和充盈的汁液，但有富含淀粉的饱满胚乳，是许多小型雀类的理想食物。可以说，禾本科的植物不仅仅为我们人类提供了最重要的主食，也是大自然所有生物共同的“粮仓”。

除了果实，芦苇这样的湿地禾本科植物还提供了另一种食物来源。芦苇的秆子里是中空的，有些昆虫就生活在芦苇秆中。一些鸟儿能够准确识别出昆虫所在的位置，剥开芦苇吃到昆虫，这在秋冬季来说，实在是难得的美味。被誉为鸟中大熊猫的震旦鸦雀，就最擅于寻找芦苇中的昆虫。

▲吃野燕麦种子的白腰文鸟

▲正在食用芦苇种子的苇鹀

秋收之喜

秋季不仅为野生动物备下了一份厚礼，自然也没有忘记回馈辛苦劳作了整个春夏的人们。对于同里的居民来说，傍水而居，湿地给予了他们更加优厚的自然条件。相比单一的旱地环境，湿地水网纵横的多样环境是同里地区物产富饶的基础保障。鸡头米、菱角、莲藕等湿地特有的物产就是在秋季成熟采收的。清晨的薄雾还笼罩在水面，采收的农户就纷纷进入水塘，开始收获自己的劳动果实。汗水滴落在塘中，幸福的笑容却洋溢在每个人的脸上，水乡秋收就这样拉开了序幕。

▲采藕人

处处采菱归

同里国家湿地公园北侧知青艺术公社旁的荷塘里，能看到一种十分漂亮的浮叶植物：三角形的叶片自中心一片片向外辐射生长，排列成莲花状的几何图形浮在水面上，煞是好看。这就是江南人们喜食的“水八仙”之一——菱角，即水生植物菱的果实。

一年生植物菱的生长周期非常短，清明前后播种，夏季在水面上开白色的小花，夏末秋初就可以准备采收了。初熟的菱角绿中透红，完全成熟后颜色加深，菱角外壳上一对向下

▲水红菱

弯曲的长角就好像漫画师笔下倔强的小牛角，保卫着里面胖乎乎的菱米。

江南地区采食菱角的历史非常悠久，在距今6000~7000年前的余姚河姆渡遗址、嘉兴马家浜遗址中均发现有菱角遗存出土，说明那时人们已经开始食用菱角了。苏州一带自古就是菱的重要产地，唐朝时的“折腰菱”就已经闻名天下。今天，我国已经人工培育出30多个品种的菱，公园内主要种植的品种是水红菱。这种菱角是苏州地方品种，是一种外皮浅红色的四角菱。

历代诗人也喜欢以采菱为题材吟咏篇章，唐代王维的“渡头烟火起，处处采菱归”，白居易的“菱池如镜净无波，白点花稀青角多”，无不为采菱之景镀上了一层朦胧烟雨。除了诗词，采菱人在劳动中哼唱歌曲，演绎出许多采菱曲。不过，采菱其实是一项考验技术和体力的活。采收深水菱，还要乘坐形似小号澡盆的菱桶，倘若不掌握要领，坐上就翻，一个菱角还没采到，人就成了落汤鸡。采菱时动作要温柔，以免伤害了植株。如何快、准、狠地采到菱角，这些一捏一摘的动作需要经年累月的重复熟练。

苏州名产——鸡头米

鸡头米是苏州地区最为闻名的特产之一。好客的同里人常说，如果你来同里没有吃过一道鸡头米做的菜肴或点心，那就不能算到过同里。同样，如果你在秋季到访同里却没亲眼瞧一瞧长在塘里结出这味独特食材的奇妙植物，旅途就少了一道最有趣的风景。

鸡头米是睡莲科植物芡实的种子。你一定想象不到，结出这样一粒粒珍珠般小而洁白种子的芡实可以说是水中植物的“巨无霸”：它浮在水面的叶片革质盾状，直径可达2米以上，宽大的叶片在水面片片相接，布满锐刺的叶面在阳光的照射下显得鳞光闪闪。如果将一整株芡实完整挖出，巨大的根系上相连的十几根粗壮的叶柄、花柄以及顶端铺展的巨大叶片，一定会让你叹为观止。

但更为有趣的还是芡实的果实：长长的果柄连结着紫红色的球形果实，顶端是尖塔状的花萼，远远看去可不就像尖尖的鸡喙一般。这也是人们给它取名“鸡头”的原因，从果实中获取的珍珠般的种子，就是“鸡头米”。芡实的“芡”在《周礼》中也早有记载，那时的“芡”是作为祭祀、宴享的食物之一，属于宫廷贵族才能享用的稀有品。

即便到今天，鸡头米的价格也居高不下，这是由于鸡头米的种植和养护并不容易，采收、加工也十分需要技巧，种植和采收仍需人工进行。采摘时需要专用的竹刀来划开叶面，采割芡实。芡实有南北两种，同里种植的芡实是苏州地区特产的“南芡”，除了叶背面几乎无刺，是人工培育的优质品种；而全株带刺的野生“北芡”，采摘起来则更为困难。芡实的种子外面包裹着坚硬的壳，需要带上特制的“铁指甲”将其剖开，整个过程不仅费时而且十分伤手。

▲“南芡”的叶背上也布满了小刺

▲芡实的果实

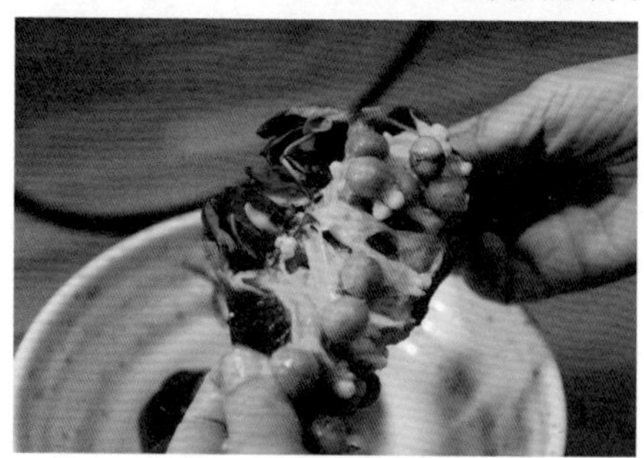

▲剥开果实后，将芡实种子取出

为了让公众有机会亲自体验和了解芡实的种植、采收和饮食文化，公园特别推出了“四季物候·鸡头米”课程，最后你还可以品一品自己亲手剥制的鸡头米酿造的饮品，将丰收之喜化作一股清流涌向心田。如果想亲身体验，不妨报名参加。

游览线路建议

入秋后，随着园内一些树叶陆续泛红变黄，枝头挂上各类奇异果实，便迎来了一个充满暖意的金秋同里。这些区域散落在整座公园内，在游览时都可能与你不期而遇。在本章节，我们列出了经典游线上最主要的观赏点，你可从水生植物园和荷花生态区开始旅程，然后依次经过知青路区域、银杏林，最后来到丛林咖啡馆。

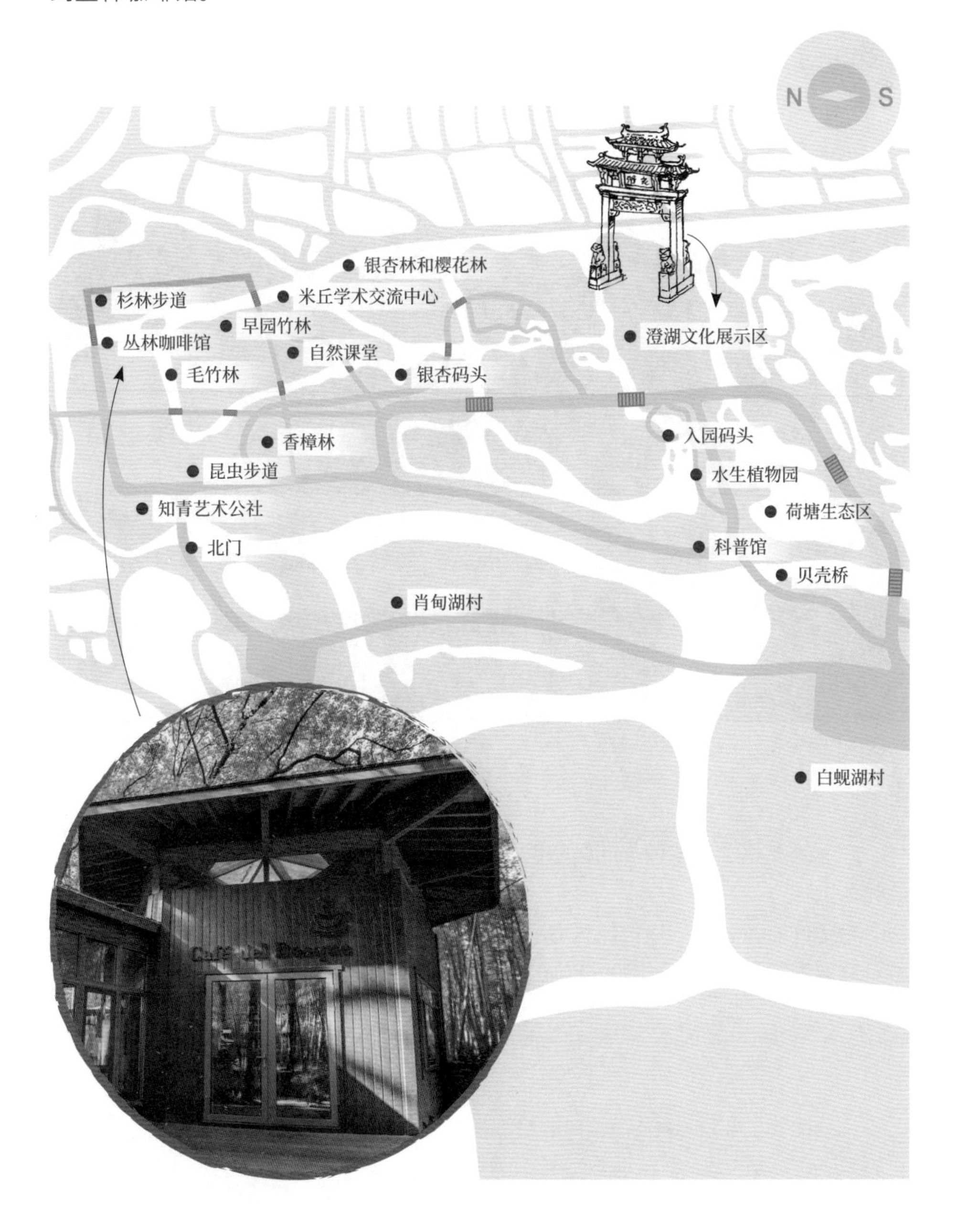

秋季色彩全家福

现在你已经知道了树叶变色和脱落的秘密。接下来，试着根据下列色块，在地上寻找对应的彩色落叶，并按照顺序依次进行排列。

你一共发现了多少种不同颜色的落叶呢？有没有发现除了色块之外的其他颜色呢？

希望你能像我们一样，把这套“秋季色彩全家福”用拍照的方式记录下来，并分享到同里国家湿地公园的微信公众号——同里湿地公园。

注意：为了尽可能降低活动对同里国家湿地公园自然环境的影响，活动中，请不要采摘树上的叶片，结束后也请把采集的叶片留在原地。

第七章 冬来飞羽

- 长途驿站
- 同里冬鸟大观园
- 为鸟类营造宜居家园

通常，冬季的大自然留给我们的印象总是冰冷而寂静的。随着气温的降低以及日照时间的减少，许多生物都会在这个时节选择减少活动、积蓄能量的策略，耐心等待春季的到来。但却有很多湿地，即便在冬季也是热闹非凡，同里国家湿地公园便是这样的地方。从11月起，就有鸟类从北往南来到公园，如果你在此时光临，将有机会在澄湖水面上，目睹上千只罗纹鸭在水面集群的盛况；在鱼塘浅滩上，欣赏青脚鹬的优雅步伐；你甚至可以在芦苇丛边，和苍鹭比赛“谁是木头人”的游戏。

▲黑翅长脚鹬

为什么会有这么多鸟儿来同里国家湿地公园呢？从地理区位来看，公园所处位置恰好位于全球九大候鸟迁飞路线之一——东亚—澳大利西亚候鸟迁飞路线上。同里多样的湿地生境以及丰富的食物自然吸引了众多候鸟来此栖息。公园常年进行的鸟类监测数据显示：现在每年约有110多种候鸟会光临同里国家湿地公园，这样的数量和规模在苏州湿地公园中稳居第二位呢！它们在做什么呢？接下来请随我们的脚步一起探寻究竟吧。

长途驿站

据统计，中国境内分布的鸟类中，约有20% 属于湿地水鸟。对它们而言，湿地就像一个大型的食物制造厂，从水中的鱼虾、水草，到岸边滩涂上的草籽和底栖生物，不同类型的鸟类都可以在这里获得丰富的食物。因此，保护学者会把鸟类作为湿地生态系统健康与否的重要指示物种。同里所在的中国华东地区恰好位于东亚—澳大利西亚候鸟迁飞区，它北至西伯利亚、阿拉斯加，南抵澳大利亚、新西兰，每年有超过5000万只水鸟在此区域内展翅往返。而同里国家湿地公园丰富多样的栖息生境，富饶充盈的食物资源，干净澄澈的湿地水源，自然成为万千候鸟们旅途中的重要驿站。

鸟类的出现不仅为冬季的同里增添了许多活力，也为城市人提供了近距离观察鸟类世界的绝佳机会。

▲金眶鸻

观鸟

▲公众观鸟体验活动

在全球，观鸟已成为许多自然爱好者亲近自然的首选活动。相比许多需要长途跋涉才能进行的野生动物观察项目，任何人从自家小区就可以开始观鸟。在中国，许多地方还设有观鸟会、环保非政府组织等，这些机构会举办定期面向公众的观鸟导览活动，帮助零基础的人掌握基本的观鸟方法。

每年4月爱鸟周，公园都会举办公益观鸟活动，另外也会定期开设鸟类相关课程，感兴趣者可以报名参加。

候鸟知多少

我们都知道，不是所有的鸟类终其一生只待在一个地方，许多鸟每年都会随季节变化而周期性地在两个地方之间来回迁徙，我们把这类鸟称为“候鸟”。根据居留习性可以将同里国家湿地公园的鸟类分为以下几种类型。

冬候鸟

冬季从北方飞来，在此越冬，次年春季或夏季再整体飞回北方，到目的地进行繁殖。

同里的代表鸟种：红嘴鸥。每年11月陆续来到同里，次年3月便纷纷返回中国东北或更北边的繁殖地。

夏候鸟

夏季从南方飞来，在此度夏、繁殖后代，秋冬季或冬季再向南迁飞。

同里的代表鸟种：水雉。每年4~5月来到同里，筑巢繁殖，随后在秋季陆续飞往东南亚越冬。

留鸟

终年生活在一个地区，不随季节迁徙的鸟类。

同里的代表鸟种：小䴙䴘。终年生活在同里。

旅鸟

在迁徙途中路过此地，待短暂休整觅食几日后便会离开，前往下一个目的地。

同里的代表鸟种：燕隼。在同里养精蓄锐，吃饱喝足后便继续赶路。春季将前往中国北方繁衍后代，秋季则到达广东至东南亚地区越冬。

小知识　**迁徙的秘密**

鸟类为什么要不辞千辛万苦年复一年往返迁徙呢？科学家们在长期观测研究后发现，影响鸟类迁徙的因素很复杂，既受气候、日照时间、温度和食物条件等外部影响，也受鸟类内在的遗传和生理因素的调控。并且，有些鸟类每年的迁徙时间十分稳定，当日照时间达到一定区域范围内，就会触发其体内的某种反应机制，诱发其迁徙行为。

湿地保护，鸟儿来评判

在湿地保护工作者中流传着这样一句话："湿地好不好，鸟儿来评判。"鸟是湿地保护工作中的重要监测指标。同里国家湿地公园自2014年7月起，每月都会开展鸟类监测调查，从无间断。接下来，我们就请鸟儿评委来看看公园的保护成绩。调查结果显示：截至2019年12月底，公园记录在册的鸟类已经多达11目38科204种，其中，国家二级重点保护野生动物19种，省级保护鸟类79种；观测新增鸟类也超过了半数，达到107种。因此，同里国家湿地公园是苏州湿地公园中全年观察到的鸟种数量最多的公园。

而从鸟类的出现规律看，每年11月至次年4月是公园候鸟出现的高峰期。2018年4月调查数据显示，当月湿地共观测到77种鸟类，创造了同里国家湿地公园单月调查最高纪录。而就这群冬季访问同里湿地的鸟类种类来看，越冬候鸟高达60余种，占已知苏州冬候鸟种类的50%以上，主要包括聚集澄湖湖面上的雁鸭类、鹮鹤类、鸥类等水鸟，以及鸲（qú）类、鸫（dōng）类、鹀（wú）类等林鸟。并且，通过历年数据对比分析发现，公园的冬候鸟种群数量多年来一直十分稳定，这与公园对自然环境的良好维护和管理分不开。

除了冬候鸟，每年选择在公园稍待休整便继续前行的旅鸟数量也在不断增加，2018年调查数据显示，全年共观察到27种。它们主要出现在春季和秋季的候鸟迁徙期，鸟种以鸻鹬类为主。旅鸟数量之所以显著增加，其实也与公园开展的鱼塘湿地生境修复和面积扩大等工作有直接关系。

▲2018年首次在同里国家湿地公园观测到的反嘴鹬

公园冬季观鸟点

既然公园冬季有如此多的鸟类，我们可以在哪里观赏呢？其实，如果想要集中观察较多数量的鸟类或某些特定类群，当然还需要前往更符合该鸟类栖息的环境。对于观鸟初入门者，我们推荐以下较容易进行鸟类观察的地点。

观鸟屋

沿着知青艺术公社东侧的小路向北，就能到达位于公园最北侧的观鸟屋。透过墙上高低错落的长方形观鸟窗就能看到近处的鱼塘和远处挺水、浮水植物丛生的沼泽浅滩。鱼塘浅滩区域通常人迹罕至，水位较浅，塘内有丰富的鱼虾、昆虫及软体动物，吸引了大量水鸟前来觅食、栖息。目前，已记录到70余种鸟类在此出没，其中就有被世界自然保护联盟（IUCN）列为近危物种的红颈滨鹬和黑尾塍（chéng）鹬。

▲观鸟屋

澄湖

澄湖位于公园西北侧。如果访客前往，可以沿北门出口的小路一直前行，走到尽头后右拐，便可到达澄湖岸边。在这里，可将澄湖波光粼粼的湖面一览无遗。澄湖是湿地公园面积最大、视野最为开阔的水域，湖内水质良好、食物丰富，非常适合雁鸭类和鸥类栖息、觅食。在这里，已累计观察到60多种鸟类，包括国家二级重点保护野生动物、被世界自然保护联盟（IUCN）列为近危物种的卷羽鹈鹕和罗纹鸭等多种珍稀濒危鸟类。

▲澄湖

香樟林

▲公园内的一片魔术林

在一个地方，如果有片林子中的鸟类数量或种类较多，观鸟人士往往将其称为“魔术林”。同里国家湿地公园的魔术林位于湿地公园的中央，是香樟林、杉林、银杏林、桃木林、荒草地、河流相交混合的区域。与澄湖和观鸟屋不同，魔术林中林木茂密，生境复杂，是湿地公园内林鸟最为集中的区域。从自然课堂出发，跨过小石桥向西向南，你就可以开始在林间举目搜寻或听声辨鸟了。林下的枯叶堆和果树上香甜的果实常常在冬季吸引着北红尾鸲、黄喉鹀、斑鸫等一众林鸟前来觅食加餐。

草本沼泽观鸟点

草本沼泽观鸟点位于园区南部的草本沼泽湿地保育区，出于保护管理的需要，该处并不对游客开放。保育区内人为干扰少，芦苇茂密，是湿地公园内芦苇面积最大的区域，也是鸟类丰富度最高的区域。这里栖息着超过90种鸟类，是众多迁徙候鸟的固定越冬点或过境中转站，这里可以看到赤膀鸭、红头潜鸭等善于游泳的游禽；黑翅长脚鹬、青脚鹬等适应水边生活的涉禽；赤腹鹰、普通鵟等掠食性食肉猛禽，以及黑眉苇莺、寿带鸟等珍稀罕见候鸟。

▲公园南面的草本沼泽湿地保育区

▲鹤鹬

同里冬鸟大观园

同里国家湿地公园良好的生态环境为鸟类提供了良好的庇护所。不同鸟类由于生理结构、生活习性等差异，对其赖以生存的生态环境即生境有着不同的需求。下面我们选择了各处观鸟点具有代表性的鸟类，希望可以丰富你的观察体验。

澄湖看点

罗纹鸭

12月，澄湖中便已聚集成百上千只野鸭。其中，有一种是被《世界自然保护联盟濒危物种红色名录》列为近危物种的罗纹鸭。罗纹鸭雄性体长约50厘米，头顶棕色，脸部呈金属绿色，背披银灰色流苏状长羽，臀两侧蛋黄色，格外引人瞩目。雌性罗纹鸭外表则朴实低调得多，它身着深褐色

▲罗纹鸭

羽毛外衣，上面密布波纹状斑纹。罗纹鸭不会潜水，所以有时能观察到它们将头埋入水中，屁股和脚在水上摇晃，似乎在跳倒立版“水上芭蕾”，这是它们在取食水草或水生小动物呢！每年成百上千只罗纹鸭在澄湖水面越冬，它们常成群结队在湖中央静静漂浮，时而也会集体飞起形成壮观的“鸭浪”，直到次年3月左右才离开北上繁殖。离开时，罗纹鸭基本已经完成配对。据统计，目前全球罗纹鸭的数量约为89000只。

按照《国际重要湿地公约》的标准：“如果一块湿地规律性地支持着一个水禽物种或亚种种群的1% 的个体的生存，那么就应该考虑其国际重要性。”从这点也足以显示同里湿地的重要意义。

凤头䴙䴘

广阔的湖面上，上百只凤头䴙䴘也占有一席之地。它们常被当成鸭子，但尖细的嘴巴和丝状的体羽彰显了它们的不同。冬季的凤头䴙䴘逐渐褪去了华丽的“凤冠”，换上了朴素的灰白装。同为䴙䴘科䴙䴘属的它们自然与小䴙䴘是亲戚，但其体型却将近大上一倍，脖子也更细长。凤头䴙䴘在水中时浮时潜，寻找最爱的鱼虾。运气好时，临近春季的2月，你还能见到它华丽变身，头顶逐渐出现黑褐色冠羽，颈侧红棕色鬃毛状羽毛也将显现。更为有趣的是，它们求偶时会使出“踩水”神功，在异性面前演绎一段绚丽的舞蹈以求关注。

▲凤头䴙䴘

卷羽鹈鹕

2015年12月，14只国家二级重点保护野生动物、世界濒危鸟类卷羽鹈鹕在迁徙途中现身澄湖，此事立刻引发了苏州当地爱鸟者的关注。卷羽鹈鹕是世界上体型最大的鹈鹕，体长达1.7米左右，翼展可达3米左右，属于会飞行的鸟类中体型最大的一类。它身体呈银灰色，下颌处有一个超大的喉囊，脸颊和眼周裸露的皮肤呈乳黄色，头部冠羽和枕部羽毛呈明显卷曲状，所以得名卷羽。它主要以鱼类为食，借助巨大的喉囊如舀水般深入水中进行捕食。

▲卷羽鹈鹕

每年冬季，卷羽鹈鹕会从蒙古繁殖地穿越约1500千米的干旱区域，经过江苏、浙江、福建等地，抵达我国东南部越冬。由于迁徙路径上许多湿地因为人为开发等原因而消失，使得卷羽鹈鹕丧失了许多宝贵的中途停歇地。

而它在同里的现身可能就与停歇点的缺失有关。根据观察发现，卷羽鹈鹕还往往在恶劣天气时，在同里临时休整，停留时间一般不过半天到一天，因此，想要在澄湖亲眼看到它们相当不容易呢！

红嘴鸥

自11月起，澄湖上就会时常显现“海鸥”飞舞的景象，它们中大多都是红嘴鸥，数量可达几百只。鸟如其名，红嘴鸥有着标志性的尖细红嘴和红脚丫，尾巴展开时有一条黑带。有一些未满一岁的幼鸟嘴则为黄色，身上杂有少量黑褐色斑。

▲红嘴鸥

它们喜欢集群，且十分喧闹，常发出沙哑的叫声，觅食时时而浮于水面啄食，时而在空中追逐蜻蜓等飞虫，还会从空中俯冲捕鱼。

观鸟屋看点

青脚鹬

在公园北侧的大片鱼塘里，时常有一种名为青脚鹬的水鸟前来觅食。它体型苗条，有着黄绿色的大长腿，纤长的头颈布满了纵纹，灰黑色的长嘴粗壮且略微上翘，漫步在浅水中时体态十分优雅。

▲青脚鹬

鹬类是一种喜欢在浅水和滩涂上觅食的鸟类。它们的身体结构很大部分都具有“三长”特征，即嘴长、脖子长和腿长，使得它们能够在滩涂和浅水区域自如行走，低头觅食。

我们从小就熟知鹬蚌相争这个成语故事，故事中的鹬喜欢吃蚌这一类的双壳类动物，但是，淡水环境中的蚌往往太大或难以捕捉，所以它们其实并不是鹬类的主食。鹬类细长的喙上长有敏感的触觉细胞，它们觅食时会将喙探入水中，寻找水面下的小型水生动物。

扇尾沙锥

扇尾沙锥是鹬类中的伪装大师，全身褐色斑驳，常躲藏在草丛中一动不动，很难被发现，有人经过时会突然飞起并惊叫。但是，当它来到鱼塘浅滩处觅食时则比较容易观察了，你能看到它时不时将自己锥子一般的大长嘴插入泥中上下抽动以寻觅食物。

▲扇尾沙锥

香樟林看点

北红尾鸲（qú）

▲北红尾鸲（雄）

深秋至初冬，同里的树林中便会陆续搬迁来一些居民，其中，北红尾鸲是羽色较为醒目的一种。雌、雄北红尾鸲都有棕红色的尾巴，翅膀上还有三角形白斑，在其展翅飞翔时更加明显。雄性个体总是打扮得很艳丽，头顶呈银白色，腹部裹有栗色羽毛；雌性个体则低调许多，全身灰褐色。好动的它们一刻也闲不住，即使是在树枝上停歇时也忍不住不停地抖动尾巴。

▲北红尾鸲（雌）

红胁蓝尾鸲

与北红尾鸲形似姐妹的红胁蓝尾鸲也会在同里湿地越冬。但与北红尾鸲不同，红胁蓝尾鸲的尾巴是蓝色的，两胁（腹部两侧外围）呈棕红色。同样，雄性红胁蓝尾鸲羽色鲜艳，从头部到背部好似披着漂亮的蓝色连帽拖尾披风，只露出亮白色的眉纹；雌鸟则通常上身灰褐色，只有尾部会点缀几束与雄性同款的蓝色尾羽。和北红尾鸲一样，红胁蓝尾鸲也特别喜欢待在树上抖尾巴。

▲红胁蓝尾鸲（雄）

▲红胁蓝尾鸲（雌）

草本沼泽湿地保育区看点

红头潜鸭

▲红头潜鸭（雄）

同里大多的鸭子都不会潜水，但红头潜鸭是个例外。作为潜鸭，它们的脚靠向身体后部，为其在水底行进提供了强劲的动力。雄鸭头至颈部棕红色，躯干整体银灰色且具黑色细纹；雌鸭头颈棕褐色，躯干灰色中带棕色。它们会潜入1~2.5米的水下取食沉水植物及水生动物。

青头潜鸭

▲青头潜鸭

青头潜鸭又称东方白眼鸭，是全球极危鸟类，比大熊猫还稀有。成年青头潜鸭体长41~46厘米，头部羽色呈深绿色，腹部呈红褐色，左右两翼的羽毛外侧有三角白斑，尾部羽毛也呈白色。雄性的眼周（生物学称虹膜）呈白色，雌性的虹膜呈褐色。它喜欢在芦苇湿地旁的开阔水域活动，既有利于遮蔽，周围水草和鱼虾也较丰富。青头潜鸭常常喜欢和白眼潜鸭、红头潜鸭等混群活动。通常它们在整个群体的前方活动，当遇到危险时，迅速游入大部队，当警报解除后，又会从鸟群游出活动。

每年冬季，青头潜鸭从位于西伯利亚及中国东北的繁殖地飞往长江中下游地区越冬。青头潜鸭曾是主要的狩猎鸟类。近十多年来，由于栖息地丧失和过度猎捕等问题，种群数量极速下滑。据估测，全球野外种群数量已不足1000只。2020年3月，公园在日常监测中意外发现2只青头潜鸭。青头潜鸭在苏州地区十分罕见，它的到来也给公园的湿地修复管理亮出了高分。

斑嘴鸭

斑嘴鸭与大多数鸭子不一样，雌雄体色差异并不大，躯干黑褐色并布满鳞状斑纹，嘴呈黑色，前端具黄色斑块，名字也由此而来。它偏爱挺水植物茂密的浅水湿地，喜食禾本科植物和莎草的种子等。

▲斑嘴鸭

观鸟注意事项

野生鸟类天性警觉，如果想要近距离观察它们，需要采取以下方法。

1
脚步放轻，
话语放低。

2
观察时保持
距离或躲藏。

3
不靠近鸟类繁殖
巢穴，以免亲鸟
受惊弃巢。

1
用抛石、大叫
引我们现身。

2
过分追逐让我
们受惊劳累。

3
给我们投喂食
物，影响我们
的行为。

观鸟望远镜

为了更仔细欣赏鸟类的美丽，建议配备一台放大倍数为8~10倍的双筒望远镜。如果经济宽裕，还可选择高倍率的单筒望远镜进行水鸟观察。

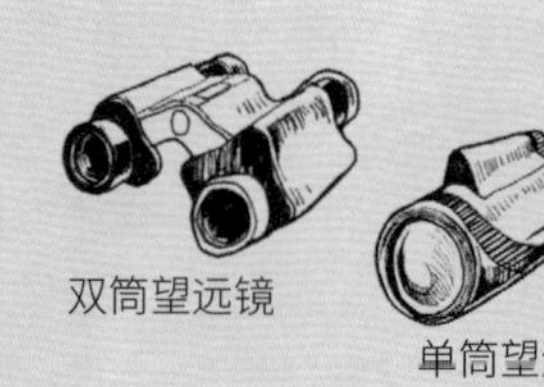

双筒望远镜

单筒望远镜

▲同里湿地的蜿蜒水系

为鸟类营造宜居家园

同里国家湿地公园得天独厚的自然条件是众多候鸟选择这里作为“迁徙驿站”的基础条件。密集的水网，湖泊、沼泽、河塘、河流、永久性水稻田等多样化的湿地形态满足了不同类型鸟类的生存、繁衍需求。退渔还湿、植被修复、鱼塘改造、水位管理、鸟网拆除等一系列针对生物多样性和栖息地保护的措施让更多候鸟安心来公园越冬和停歇，营造它们的宜居家园。

冬来飞羽

适应生境

生态环境的多样性是鸟类物种丰富度的保障，丰富的原生湿地形态给不同类型的鸟提供了适宜的生境。鸟类对栖息地的选择与它们自身的体型、食性、生活习性、繁殖周期以及环境中的植被类型、繁茂程度、食物来源、水位水质、气候条件等都息息相关。

芦苇沼泽：无论是澄湖沿岸、鱼塘外围还是草本沼泽湿地保育区都有着大片芦苇地，有时还混杂着一些倒木、枯叶和灌木丛。

适合鸟类：这些茂盛的芦苇丛形成天然隐蔽的遮挡，成为许多秧鸡，如黑水鸡、白胸苦恶鸟的庇护所和繁殖地。它们常常将浮在水面的浮巢依附在芦苇上。芦苇的果实也会吸引许多雀鸟取食，比如，棕头鸦雀、白腰文鸟、灰头鹀、苇鹀等；甚至还有属于国家二级重点保护野生动物的苍鹰、普通鵟等猛禽也会偶尔在此出没。

浅水滩涂：浅水和滩涂地区水位较浅，但往往有更丰富的水生植物和动物资源。

适合鸟类：涉禽。同里常见的涉禽包括鹭类、鸻鹬类和秧鸡类，虽然都在滩涂和浅水区觅食，但由于喙的长短各不相同，所以可触及水或者泥土的深度也有所差异，对应的食物种类也截然不同。

深水湖泊：在同里国家湿地公园，伴随生境变化最为明显的区别便是水位的高低。在澄湖及草本沼泽湿地保育区的水域中，深水区往往能达到2~3 米。

适合鸟类：雁鸭类、䴙䴘、鸬鹚、鸥类等。这些游禽通常善于游水，躯干呈船形，趾间有蹼，喜捕食水中的鱼虾等水生动物及水生植物。

▲芦苇上的苇鹀

▲芡实上的池鹭

▲浅滩上的林鹬

▲浅塘中的白胸苦恶鸟

小知识

调控水位来引鸟

▲鹭鸟

为了营造满足不同鸟类生长、繁殖需求的栖息地，进一步丰富区域内鸟类的种类和数量，湿地公园还在草本沼泽保育区内构建了利用肖甸湖排涝站进行水位管理的设施，根据不同月份鸟类迁徙动态及其对水位的要求控制沼泽湿地水位。冬季设置高水位，营造开放的大水面，为鸭类、鸬鹚、鹡鹛等冬候鸟提高生境面积；3月降至过渡性的正常水位，既保证逐渐北迁的越冬水鸟生境不受较大改变，又为即将到来的夏候鸟做好准备；4月降至中低水位以增加浅水滩地面积，为鹭鸟、鸻鹬类等涉禽提供栖息、觅食的场所，同时也有助于芦苇的萌发；夏季进一步降低水位增加浅滩面积，为鹭类、鸻鹬类、秧鸡类等各类水鸟提供觅食场所；9月上旬鸟类迁徙进入高峰期，适当升高水位改变湿地生境结构，促进水体更新，以满足黑翅长脚鹬、泽鹬、林鹬、红颈滨鹬、青脚鹬等过境鸟的停栖需求。

栖息地保护

为了更大程度上满足各类鸟类对栖息地差异化需求，除了保护好原有自然湿地，同里国家湿地公园还进行了多项栖息地保护和修复措施。

▲平静的澄湖水面

退渔还湿

澄湖、白蚬湖和季家荡是公园内水鸟主要的觅食和栖息场所。在建设初期，湖域内围网养殖是威胁园区，特别是保育区内水质的主要因子，围垦导致湖泊水面面积逐渐缩小，加剧了水体富营养化程度，破坏了水鸟栖息繁衍的场所。为了保护园区内水质的健康，保障水生动植物的生存环境，公园采用“退渔还湿”的方式，清除围网，修复湖滨两岸植被，拆除大部分养殖木桩，仅保留少量木桩供水鸟停歇，使得湖泊水域恢复健康，从而吸引了白秋沙鸭、凤头潜鸭、罗纹鸭、卷羽鹈鹕等大批鸟类在此停留、栖息，这才有了今日澄湖湖面上冬季蔚为大观的候鸟聚集景象。

非法捕鸟大扫除

在很多乡村，经常会发现偷设鸟网、非法捕鸟的行为。鸟网是一种架设在空中的专门捕捉鸟类的网。这种网由直径不到0.1毫米的尼龙丝编织而成，鸟类在空中飞翔时根本无法辨识，一旦撞上用力挣脱只会越缠越紧。公园成立后，为了减少和杜绝此类问题，设立了巡护队，定期沿公园界限开展巡视，如果发现非法张网，立即进行拆除，解救被困的小鸟。据统计，仅2018年12月至2019年6月，就4次拆除捕鸟网。

▲救助被困住的乌鸫

游览线路建议

9 月后，便陆续有候鸟抵达公园，它们有的将在这里度过严冬，有的则短暂停留后继续南下。在鸟类迁徙高峰的 11~12 月，你可以在公园北侧的观鸟屋以及澄湖沿岸的观鸟平台观察到这些鸟类觅食、休息的盛况。

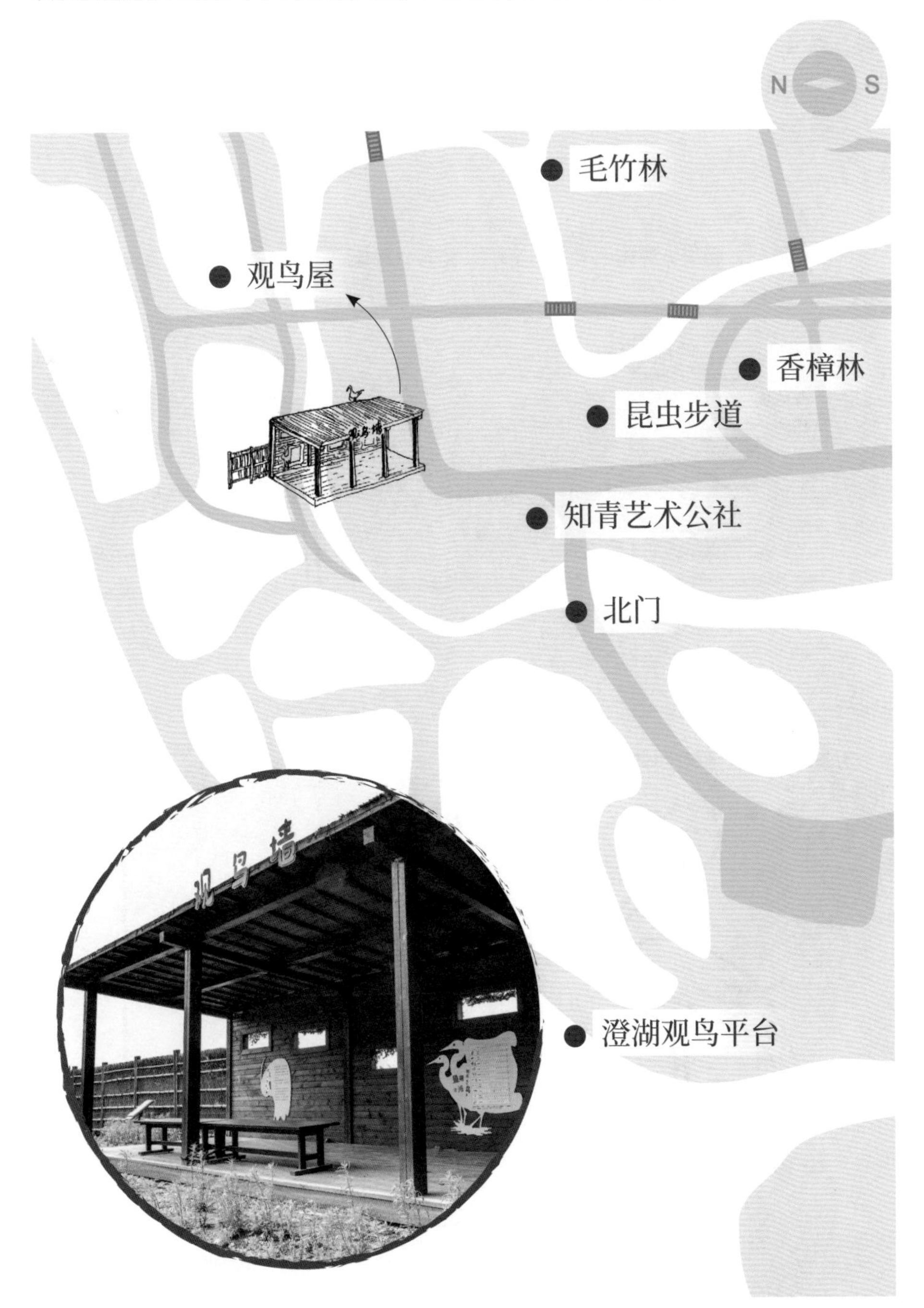

白鹭简笔画

很多爱鸟人士都喜欢用简笔绘画的方式记录观鸟中的发现。如何快速准确地绘制一幅鸟类简笔画呢？不妨跟着我们从绘制一幅白鹭简笔画开始吧。

白鹭的体型很有特色，只要记住“两圆三长”口诀：

1.“两圆”：脑袋，身体。

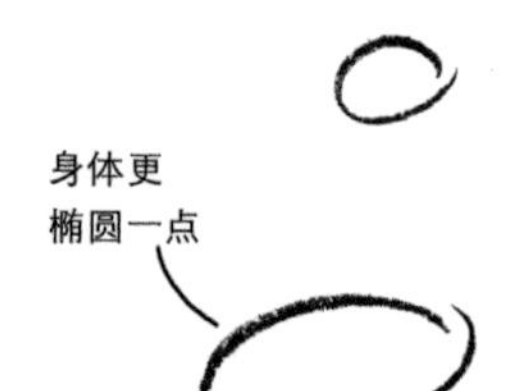

2.“三长”：喙、脖子、腿。

3.添加些细节，更传神哦。

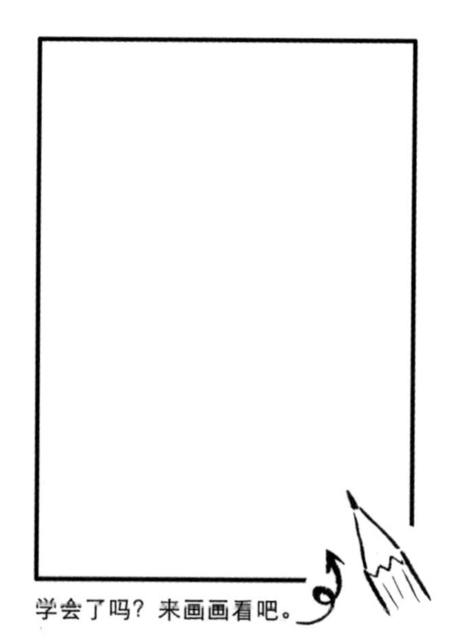

第八章 水乡聚落

■ 渔耕智慧

■ 村落格局

■ 水印年华

犹如每个人都无法独立于他人而生活，每一座公园都不是遗世独立的生态孤岛。同里国家湿地公园与其周边近邻存在千丝万缕的联系，这种联系不仅源自面前的这一湾清水，更起于共同经历的岁月回响。去探寻、追问这份历史的积淀，就像一把钥匙，启发你更深刻理解守护这片湿地的意义。

▲夕阳余晖照耀下的肖甸湖村

从何探寻？最合适的起点就是紧挨着公园的水乡——肖甸湖村和白蚬湖村。它们分别位于公园西侧和西南角。从地图上看，这两个村子被大大小小的湖、荡、溇、浜包围、分割、浸润、滋养。像太湖平原上的很多村落一样，水是这里的灵魂，也是故事的开始。

渔耕智慧

同里国家湿地公园地处太湖流域下游阳澄淀泖水系，周边河网、湖泊密集。水是文明的起源，是农业生产的必备要素，与人类活动息息相关，紧挨公园的两个村庄更是直接以湖泊命名。周边澄湖、肖甸湖、季家荡、黄泥兜、白蚬湖这些水体，为村庄带来丰富的物产。

但是，平均海拔不足3米的低洼地势，也让这片区域吃足水患的苦头。历史上，这里曾是传统的洪水走廊，若上游太湖来水量大，又偏逢海水涨潮，下游长江、黄埔江潮位顶托乃至倒灌，就会导致洪涝灾害频发。先民是如何解决这个问题，将同里建设成为富甲一方的经济重镇的呢？

▲水田耕作

阡陌如秀

整个太湖平原地处北纬30°~32°，属于北亚热带湿润季风气候。这里温暖湿润、四季分明，十分适宜居住。而同里所处的湖荡平原，土壤来自湖相淤泥，有机质含量高，非常适宜发展农业。考古人员曾在澄湖遗址中发现古水稻田，断定早在6000~7500年前，同里先民就已经在这里进行水稻耕作。但新石器时代，生产力水平还很低下。同里低洼的地势、较高的地下水位，使得稻田非常容易受洪涝影响，靠天吃饭是最原始的生产状态。

在随后的很长一段时间里，当地人在生产过程中摸索出了一套早期的沟渠排水、筑堤围垦技术。隋唐时期完成的浦塘圩田（又称围田）工程，促进了太湖流域的农业大发展，全国的经济中心也逐步从北往南移。丰饶的太湖平原上，齐齐整整的圩田开启了一个江南的时代。

浦塘圩田工程的过程包括开挖运河疏通水系、围湖修筑堤坝引水，将被围的高地中的河水或湖水排出，最后形成圩田。据记载，在吴越时期，太湖平原便建成了“五里或七里一纵浦，七里或十里一横塘”的类似棋盘的浦塘圩田系统。那时，从太湖的东岸到西岸，每隔一段就有一条延伸向太湖的河道，像梳齿一样排列开来，太湖的水就经过众多浦塘，流向广袤的陆地，滋养着太湖平原上的土地。此外，圩田也让太湖流域的可耕种面积大幅提升。进入宋代，人口持续增加，人多地少矛盾加剧，那时人们进一步对荡、洼地进行围垦，唐代的大圩也因此被破坏，转变成单位面积更小的小圩田。

▲太湖圩田

圩田是江南农业发展的重要智慧。如今，同里还留有浦塘圩田的痕迹。作为探索湿地的重要一站，你不妨走进肖甸湖村和白蚬湖村的乡野去实地探勘一番。

精耕之路

稻米在亚洲人的饮食中占据着重要席位。今天我们主要食用的稻米有三类，即粳米、籼米和糯米。从主食到年糕、米酒、汤团等各类糕点小食，背后都离不开“稻米”这个原料。那稻米是如何出现的呢？

水稻是一种禾本科的湿生植物，其栽培过程离不开水。太湖平原上沼泽密布，自然环境和气候条件就十分适合水稻生长。因此，太湖地区成为全球较早开展野生水稻人工驯化和栽培的地区之一也在情理之中。不过，在五代以前，太湖平原还是地广人稀、生产力低下的水乡泽国。到了宋代，其粮食产量才稳居全国第一，获得了“天下粮仓”的美誉。这个过程中，浦塘圩田等水利设施的建造自然发挥着决定性作用，但与此同时，太湖地区农耕技术的发展也是个不容忽视的因素。

湖泽平原土壤黏性大，新开的荒地土壤中植物根系发达、盘根错节，总体开垦难度很大。在这块土地上，古人也先后经历了从原始的刀耕火种，到耜耕、犁耕等更为高效和精细的模式的过程。在一代代的生产实践过程中，人们根据太湖平原土壤性质和土地规模，创造出了独具地方特色的农耕工具。其中，最具代表性的就是曲辕犁和铁搭两种翻地工具。后者直到今天，都是肖甸湖村和白蚬湖村的村民每家必备的农耕工具呢！

水乡聚落

曲辕犁（又称江东犁）

犁主要用于破土和翻土。曲辕犁，又称江东犁，发明于唐代的太湖地区。工具共由11个部件组成，设计精巧，即便在太湖平原流域的黏性土壤上，也十分方便掉头和转弯，具有操作灵活、节省人力的优势。

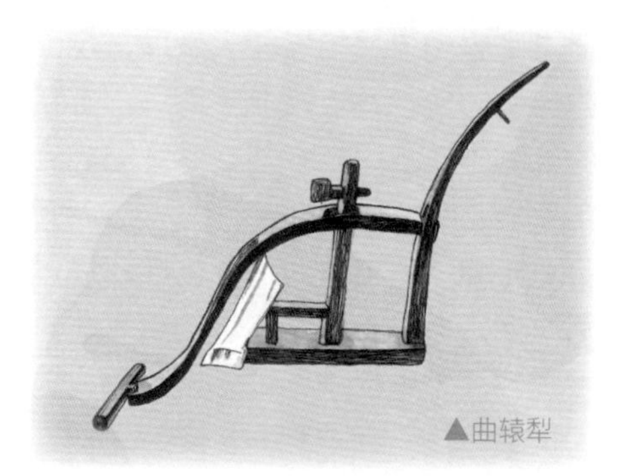

▲曲辕犁

铁搭

当地又称铁耙，是一种人力耕翻田地的农具，最早出现于北宋时期的太湖平原，但明清时才广泛流行。铁搭虽然出现得比曲辕犁晚，却得到更大范围的使用。其四齿结构非常适于深翻黏重的土壤。铁搭又分板齿铁搭（又称满封铁搭）和尖齿铁搭（又称平齿铁搭），前者主要用于水田翻耕，后者多用于旱地耕作。铁搭耕翻质量较高，且购买和维修相对便宜、便捷，是江南农村家家户户必备的工具之一。

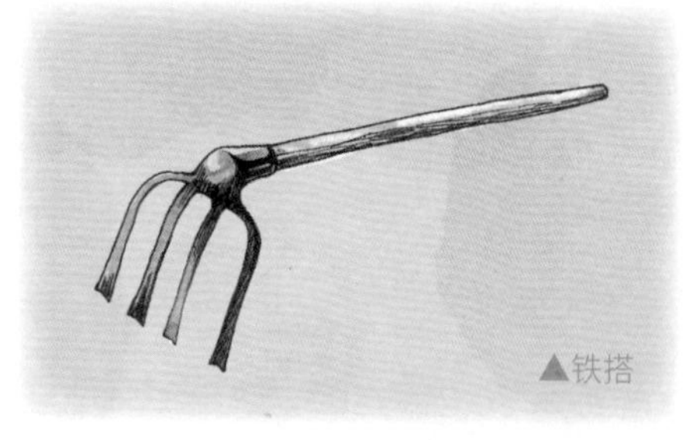

▲铁搭

渔起渔落

除了稻米，鱼在苏州地区传统的饮食和生产中举足轻重。“苏”的繁体字——“蘇”，对这种“半鱼半稻”的状态进行了最好的诠释。宜人的气候，适宜的光照，为太湖流域丰富的水生生物资源奠定了基础。有人对当地出土文物分析后发现，距今4000~5000年，随着编织业和木器加工技术的成熟，人们已经能够制造定置渔具和比较复杂的船只，陶制或者石制的网坠也得到广泛应用。工具的发展与成熟，说明这个时期的渔业已经向专业化发展，专业渔民出现了。义献资料显示，到了明清时期，

小知识

稻麦轮作

太湖平原在粮食产量上的另一项重要变化，是出现了麦、豆等旱粮。隋唐时期，随着经济中心的南移，北方南下太湖平原定居的人口越来越多。这些人带来原有的饮食习惯，对面食的需求也日益高涨。同里所在的苏州地区，就逐渐转变为以稻麦轮作为主要耕作模式。农户们在每年秋季水稻收割后种上小麦，待次年6月麦子成熟后收割，再种上水稻。稻麦轮作大大提升了土地的利用效率和经济效益。

▲麦田

针对不同水域、捕捞对象的渔船和淡水渔具已经超过100多种。它们主要可分为：网具类、钓具类、箔荃具类等。其中，有不少种类依旧为今天的同里村民所用。

扳罾（zēng）就是其中一种，它属于定置性渔具。制作方式是将纱网或棉纱布绑在“十”字形竹棍或木棍上。网片呈正四方形，四角用竹竿撑起，中间坠上砖块等重物，架设在湖中或河中。捕鱼时，每十几分钟将竹竿拉起一次即可。这种渔具主要在夏季使用，如果遇到洪水季节，捕鱼量更多。

正所谓人类的智慧是无穷的，同一种渔具，针对不同的使用季节，也有不同规格的调整。如春天正是大多数鱼类产卵繁殖、鱼苗生长的季节，这个时候使用的渔网，网眼比冬天的大，给小鱼留下逃出渔网的空间。不同的季节，捕鱼的主要方法也略有不同。比如，鲫鱼习惯抢水而上，捕捉鲫鱼只要趁下雨发大水，在菜花田下游放网，等大水退去即可“瓮中捉鳖”。又如，春夏之交，同里的水域中偶会出现白鱼阵，成千上万的白鱼一起散鱼籽，即使没有风，也会涌起浪头，洁白的鱼鳞在湖面上闪烁晶光，场面蔚为壮观。这个时候，即便徒手，也能捞起几尾白鱼。

在漫长的岁月中，江南地区的渔业发展也历经起伏。近代以来，由于长期的过度捕捞和高密度养殖，区域内的渔业资源几近枯竭。而区域内经济发展、工业兴起，也使得湖泊水环境日益恶化，甚至影响到社区的饮水安全。

近年来，同里及周边地区经历了数轮水环境治理，从围网拆除，到生态养殖，特别是2016年底以来263专项整治行动的全面开展，让“退渔还湖”从生态环境愿景层面走向现实。（263，即“两减六治三提升”。“两减”：以减少煤炭消费总量和减少落后化工产能为重点，从源头上为生态环境减负。“六治”：针对当前生态文明建设问题最突出、与群众生活联系最紧密、百姓反映最强烈的六方面问题，重点治理太湖水环境、生活垃圾、黑臭水体、畜禽养殖污染、挥发性有机物污染和环境隐患。“三提升”：提升生态保护水平、提升环境经济政策调控水平、提升环境监管执法水平，为生态文明建设提供坚实保障。）传统渔民们也在陆地上建立了稳定的生产、生活基地，开始了养殖和种植相结合的发展模式。

同里国家湿地公园的建设，也深刻影响了周边村落的生态发展之路。为保护湿地，白蚬湖村拉起了杜绝工业发展的“高压线”，村里原先的工业企业也陆续退出，农副业成为村级经济的主要发展方向。周边水域用于青虾、螃蟹等特色水产养殖。原有的工业厂房，则通过与镇区工业用地土地置换，收取补偿和物业收入，用于村庄环境卫生、生态保护和民生事业。

回归农渔业，白蚬湖村看似经历了一个简单的经济发展周期，但其实是付出了不菲的经济代价和环境代价。这既是为江苏南部经济模式大背景下的传统江南水乡的生态发展探路，也验证了绿水青山就是金山银山的朴素理念。

儿时游戏

童年夏季

在还没有电视、手机的年代，很多渔民的孩子到了夏天会带着扳罾去网鱼。他们会在网上放一些米粒，待鱼游到上方，就把它拎起来。一般主要捕获鳑鲏和餐条。捕到的小鱼有些养在盆里观看，更多的则会用于食用。

▲白蚬湖村

村落格局

“小桥、流水、人家”是人们对江南水乡空间格局的典型印象。和我们今天所熟悉的城市规划、开发建设的理念所不同，古人在选择居住地的时候，更多的是秉持因地制宜的策略。换句话说“小桥、流水”之所以在水乡中存在，是因为它符合当时劳动人民在生活、生产上的便利所需。那么，水是如何融入实际的生活场景中的呢？不妨带着这些问题，走近肖甸湖村和白蚬湖村寻找答案吧。

傍水而居

对于大多数访客而言，在水乡的小巷中穿行多半容易迷路。但是，如果你有幸可以坐船驶入，则会有一种“豁然开朗”的感受，脑海中也非常容易构建出它的整体样貌。无论是肖甸湖村还是白蚬湖村，每一个水乡村落都会至少有一条贯穿全村的蜿蜒小河。河水的宽度总在10~20米。或许你会奇怪，为什么一定要选择小河浜呢？难道稍宽的大河不合适吗？的确，我们很少能在宽阔的河道两侧看到民居。其中很重要的原因是民居的设立需要确保安全，避免宅基受到潮汐或者急水的冲击。此外，宽阔的河道也不便于架设往来通行的石制或木制桥梁。

河流两岸则是一排排错落有致的民居，再远的地方就是农田。农田尤其是稻田以及鱼塘的生产过程中都离不开用水，因此，这条河流既承担着全村生活水源的供给，同时也是生产用水的保障。出于水质安全和水量的考虑，河流的另一头，往往都可以直接通向某个大湖，以确保有丰沛的水源供给的同时，也便于交通船运。比如，肖甸湖村就可以通往澄湖，而白蚬湖村则可以通往白蚬湖。

在同里，很容易发现名为“某家浦”“某家浜”的小河流，在公园周围就有凌家浦、陆家浜。这些小河的沿岸，往往聚居着这个姓氏的庞大宗族。今天走入其中，你还是能发现这里有很多凌姓、陆姓的村民。当然，村落形成后慢慢有外来者迁入，村子里的姓氏也会逐渐多起来。如今，每个村庄都会分成几个小队，而每个小队中有1~3个大姓，这些相同姓氏的人家被称作“世家里”，谁家举办红白喜事，其他人家都会相互帮忙、出钱出力。

▲村内的小桥

白墙灰瓦

白墙灰瓦是江南水乡的代名词，它犹如中国的山水画，冷静而写意。出于交通和用水的便利考虑，江南民居大多沿河建造，坐北朝南。

传统的水乡民居主结构多是“三开间一横屋”的砖木结构平房，中为客堂间，门为双扇门，朝内开。有的另建一间厢房作为厨房，地方小的人家会将厨房直接做在门间里。同里民居的住宅设计讲究“暗房亮灶”。每日三餐是家里的主要活动，妇女在灶头上劳作的时间很长，需要好的自然采光。而房间都设在暗间，采光极差。这样既能有助于睡眠，又较为隐蔽。水乡的人们非常相信风水，认为“亮灶发禄，暗房聚财”，另外，客堂不能对着大路或者桥。

屋外常设有空旷的庭院，用作晾晒场和堆放杂物。有的人家还会另建小屋以饲养鸡、鸭或者羊。鸭子一般圈养在自家“河桥”的一角，一半陆地一半水里。自留蔬菜地一般位于离河岸较近的地方。牲畜的粪便可以当作肥料，

▲白墙灰瓦的水乡建筑风格

为自留地上的蔬菜瓜果施肥，既节省开支，又安全放心，而蔬果多余的茎叶又能给家畜当作饲料，是一种循环、经济的小规模生产方式。

随着人们经济水平提升，村内保留下来的传统砖木结构的平房数量已经极少，更多的是由钢筋水泥浇筑的多层房屋。值得一提的是，20世纪90年代后，江南一带的民居倾向追求“洋气”，广大农村地区出现了很多三层甚至更高的欧式别墅。近年来，这种风气明显回落。肖甸湖村还在以白墙灰瓦为主基调的“苏式化”改造过程中尝到了回归传统的甜头。背倚澄湖的千顷碧波，比邻同里国家湿地公园的绿氧富矿，肖甸湖村主打江南乡村、生态旅游的特色发展之路，不仅吸引了“墅家”民宿等优质旅游业态的入驻，农家乐、特色采摘等项目也受到游客欢迎。

船来船往

对同里人而言，水不仅仅是生存资源，也是重要的交通要道。和今天发达的陆运、空运交通系统不同，清代以前，水运是同里当地人日常出行、货物运输的主要交通方式。每家人家紧邻的河堤上都设河埠头，方便船只停靠。村里或者较大的湖泊码头也都设有摆渡船。那是村民日常必备的交通工具，无论是走亲戚，还是去镇上购买日用品或出售农产品，都需要搭乘。

对那时尚不发达的陆运系统来说，水运不仅适合运输大体积的货物，而且可以借助自然潮汐的力量，是一种非常节省人力的运输方式。今天，走在乡村的河边，船只已经不常见了，即使有也是钢筋混泥土和钢铁铸造，依靠汽油驱动。其实，这是近代才有的船只形式。

早先苏州地区的船都是木头做的，依靠风力和人力驱动。人们还根据运输的用途、容量大小和行船速度，设计了类型多样的船只。娶亲船就是其中的典型代表。由于从前村道普遍狭小而蜿蜒，遇到下雨天路面泥泞难走，因此，同里人结婚都要用船来娶亲。家底殷实人家，一般会租用大船。大船用桐油抹得锃亮，棚上覆盖芦苇，芦苇上贴着大红“喜”字，另外放置两株带着新鲜竹叶和根部的青竹，寓意着“节节高”。娶亲大船靠岸以后，迎亲队伍会系好缆绳，搭上跳板，由四人抬着花轿将新娘抬上岸。此时，鞭炮声、鼓乐声响彻天空，十分热闹。

▲娶亲船

▲白蚬湖村

水印年华

走到这里，或许你已经慢慢意识到，水乡的内涵绝不简单地体现在它的字面含义上。它的身上凝结着的是千万年来太湖平原上的祖辈们在学习与自然相处中所承袭的智慧与精神。今天，绝大部分的水乡已然成为了城市的后花园，改变了传统的经济、文化功能。村里的老长者走了，他们带走了水乡曾经的辉煌和温情；村里的年轻人外出工作也走了，他们带走了水乡的明天。那么谁来留守水乡，水乡还留给我们什么呢？这是值得每一个关心水乡的人思考的问题。

简单生活

如果请你描绘心中的水乡生活，你的脑海中会出现怎样的画面呢？不同世代的人，对水乡的生活记忆是不一样的。

对于60后或70后来说，水乡的生活清贫而温馨。清晨，火红的太阳从远处的湖面上跃起，将原本清冷的空气温暖了起来。高亢的鸡鸣声将熟睡的孩子从梦中叫醒。趁着河道还未行船之时，赶快走下埠头，挑上满满的河水，将水缸蓄满，加上适量的明矾，好方便饮用。装完水，还要到厨房里帮妈妈生火、烧粥。吃过早饭，和小伙伴三五结群去上学。背上背着竹篓镰刀，这样就可以在放学的路上顺便割草。暑假里，孩子们常去河里

▲沿河的埠头

扑腾，顺便摸点河蚌、螺蛳，改善伙食。那时候的孩子，一到夏天皮肤都会被晒得黝黑锃亮，几乎个个都是游泳小能手。家里没有冰箱，便找水井来替代。从田里摘下来的“热腾腾”的西瓜，都要先被扔进水井里冰镇。到了晚上，孩子们在各家穿梭，到有电视的人家中蹭电视看。大人边挥动着蒲扇，边聊着近期身边的趣事。由于屋内闷热难耐，很多人选择直接睡在院中。深夜的水乡，不时传来一阵阵鼾声。

对于80后或90后来说，水乡的生活就少了一些和水有关的快乐。村里的小河慢慢变得浑浊，下水游玩的人已经不多了。突发奇想问起“自己是从哪里来的”这样的人生大事，被大人骗是从渔民的网船上捡来的，只要不乖随时要还回去，水上的生活竟带着一些神秘色彩。家里的大人，白天多数去了周边的工厂上班，傍晚下班到家还要分秒必争地干农活。大人忙，小孩也忙，家里牙都快掉光的老奶奶成天念叨要“书包翻身”，农活是不让干了，看书、写作业之余看看动画片就是最大的娱乐。小伙伴聚在一起，也总是讨论最新的动画剧情。暑假最开心的事，莫过于被爸妈带着搭长途汽车去上海玩锦江乐园、登东方明珠。水乡留在这一代人记忆里的生活痕迹，可能集中存在于味觉上。甲鱼、青虾、螃蟹、黄鳝……因为身在水乡，各种市面上售价不菲的水产唾手可得，水乡的孩子做梦都要被甲鱼的裙边黏得张不开嘴。

而对于00后或10后来说，水乡的生活还来不及留下特别的印象。对孩子们来说，村里爷爷家的房子更大，奶奶在油菜花田边跳广场舞，只是无线信号不是特别稳定。孩子们很难说

▲傍水而居

出家门口的同里国家湿地公园到底意味着什么。公园门口的健身步道上，每到傍晚都有很多村民带着孙辈来散步。孩子们在解说牌上认识乡野物种，偶遇身手敏捷的野兔子和骄傲自得的野鸡，通过自然课堂求索湿地奥秘。从电子设备到湿地物种，童年的小伙伴回归自然。这一代的同里人，抛开了沉重的历史，跨越了城市与乡村的界限，享受浑然天成的自然乐趣。

食物月历

在农业技术发达的今天，我们几乎随时都可以吃到各个季节、各个地方的食物。但这样的食物往往也容易丢失本来的味道。在传统的水乡食谱中，什么季节对应什么食物，仿佛是人与自然的约定，轻易不会打破。不时不食的生活哲学，被同里人简单地理解为“规矩”，上升到地方文化传承的高度。不按时节吃东西，便乱了规矩。

如果说，平常的食物点心讲究四时八节，讨个好彩头，那对水产的讲究重点突出“时鲜”二字。正月里的塘鳢鱼，二月鳜鱼肥，三月昂刺烩莼菜。夏天的白鱼、甲鱼、蚬子、黄鳝、泥鳅多得数不过来。七月河鳗上场，八月一场桂花水，银鱼、河豚吃不完，九月菊花开正当食蟹时。再到冬天就是四大家鱼起网的时候了。花鲢头、青鱼尾、鲤鱼干都是过饭的好搭档。靠水吃水的同里人，在季节流转的岁月里辛勤劳作，欣然接受自然的馈赠。

一月 水芹炒香干

一年四季，是从新年里清甜脆嫩的水芹炒香干开始的。水芹喷香又讨口彩，寓意吃的人家一年里勤俭持家。水乡人观念朴实，将对美好生活的希望寄托在自己的辛勤劳动中。而水芹也和其他“水八仙”一起，是水乡食物的经典代表。

二月 撑腰糕

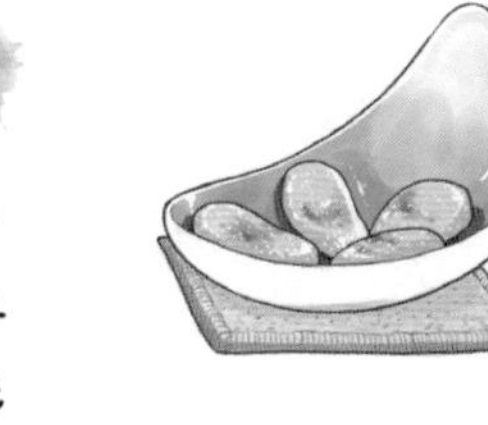

农历二月二日，克勤克俭的人家，过年的年糕还留着一段，切片下油锅小火慢煎，淋上红糖水，就成了撑腰糕。水田里的活计，多靠腰部发力。农历二月，春耕启幕，一副硬朗的腰板对种田耕作格外重要。因此，撑腰糕再好吃，也不能任由孩子吃光，务必给家里的壮劳力留几块，吃的是美好的寓意和祝福。

三月 麦芽塌饼

农历三月，料峭的春风忽然有了暖意。田埂、地头的佛耳草叶片长出了浅浅的绒毛。趁着开花之前摘下，与麦芽浆水、米粉、豆沙一起做成麦芽塌饼，蒸透、略煎、放凉后清甜软糯，最适合当作干粮，带去田间在耕种的间歇补充体力。

六月 面条

农历六月六日要吃馄饨和面条。当地有谚语称：“六月六，猫儿狗儿同洗浴。”很多地方将这天当作猫、狗的生日，要将猫、狗扔到水中洗个澡。同里当地话的“六月六”音同“落一落”，所以就把馄饨、面条放到水里“落一落”。农历六月还是春粮丰收的时节，这个时节可以吃到新麦做的馄饨和面条。水面筋塞肉是当地的特色菜肴，新麦春粉揉面成团，在水中搓洗成面筋，包上肉馅，不论搭配鸡汤还是蔬菜，都是鲜美无比的美味。只是对于这样略显奢侈的美食，从前的水乡人家制作食用的机会非常有限。

十月 油鸡

农历十月是农忙结束后难得的休闲时间。忙碌了大半年的乡民，常选择这个时候外出走亲访友。拜访亲戚朋友时会带上一些自制的点心作为礼物。常见的当地食物如油鸡（用小麦粉做成类似鸡冠形状的面点小零嘴）、油墩（早期是用糯米包裹豆沙素馅，或鲜肉馅儿放入油锅中炸制而成）。

十二月 团子

农历十二月二十四日，是同里人隆重的小年夜，当天祭祖要用到团子。团子馅一般分甜、咸两种，甜的一般是豆沙或白糖馅儿，咸的一般是萝卜丝或野菜馅儿。团子做好后作为早餐和下午茶，一直吃到大年三十。年关上，同里人家亲戚朋友之间互赠年货，都会带上6个或8个自家的团子，寓意团团圆圆、和和美美。

游览线路建议

肖甸湖村和白蚬湖村是距离公园最近的两个水乡。从公园北门出来后，沿着道路向南步行，就可以在道路东侧看到肖甸湖村，然后穿过村子，到游客服务中心处，再沿路向西前行，便可进入村落规模更大的白蚬湖村。

我眼中的水乡

现在，我们想邀请你以一种特殊的方式进入水乡，这种方式或许可以让你发现更多惊喜。活动需要由两个人合作完成。你可以先请同伴闭上眼睛，然后搀扶着他/她在村落中缓慢行走。行走过程中，当你找到了如下3种画面时，可以轻拍其肩膀，邀请其睁开眼睛进行观看。它们分别是：

1 一幅最能代表你心中水乡特点的画面

2 一幅最让你能感受到这个季节的水乡画面

3 一幅最让你感动的画面

你可以请对方蹲下、仰头，按照你期望的角度进行观看。观看完毕后，继续闭上双眼行走，再寻找下一幅。10分钟过后，你可以与同伴互换角色，最后分享彼此的观看感受。

注意：这个活动需要足够的耐心和安全保障。由于你的同伴无法看见，因此在行走过程中，你需要提醒对方如何小心避开障碍物。

第九章 同里新生

■ 守护的智慧

■ 我在公园上班

■ 多方共建

旅程行进到此，如果此刻请你描绘对同里国家湿地公园的印象，你的脑海中会闪现什么画面呢？可能有参天的杉林鹭鸟、幽静的竹林流水，或是万千的迁徙飞羽，但你的画面中会出现“人”的身影吗？我们知道，每个地方的成功运营背后都离不开人的参与，同里国家湿地公园的建设也是如此。

他们有的是生活于此的社区居民，有的是在公园工作的普通员工。在他们

▲晨曦

的心中对同里湿地又有怎样的情感和观察，同里湿地的存在是否也对他们产生着某种影响呢？

在旅程结束前，我们想把视角从湿地转换到那些幕后默默参与的人们身上。他们是今天同里国家湿地公园的建设者和守护者。而他们的经历告诉我们，他们也潜移默化地被这片湿地影响着、改变着。

守护的智慧

国家湿地公园是国家林业和草原局批准设立的公园，其设立目标包括：保护湿地生态系统、合理利用湿地资源、开展湿地宣传教育和科学研究。从这四项目标，我们不难发现其与普通城市公园的区别，除了为游客提供舒适的休闲环境，对于湿地公园而言，更重要的是通过科学的方式将这片湿地保护好、管理好，并能够为公众提供了解和参与湿地保护的机会。2013年，同里国家湿地公园便开启了试点建设工作。在试点创建期间，团队齐心协力，探索出了一系列极具同里湿地特色和全国示范意义的工作模式，将这四项看似独立的工作巧妙地、有机地结合在一起。

▲救助

小知识

湿地公园的分区

根据国家湿地公园建设的相关要求，每个湿地公园可根据区域功能将辖区划分为 3 类区域，包括湿地保育区、恢复重建区以及合理利用区。其中，湿地保育区只能用于开展保护、监测、科学研究等必需的保护管理活动，日常不对游客开放。恢复重建区则是开展培育和恢复湿地相关活动的区域。合理利用区用于开展以生态展示、科普教育为主的宣教活动以及生态旅游活动等。

让保育区充满活力

如何衡量一片湿地的健康程度呢？通常我们会从该湿地生态系统所具备的生态服务功能以及系统的内部结构，也就是组成系统的各类生物两方面予以评价。同样的道理，无论是湿地修复还是保护工作，都要从营造湿地环境，满足湿地功能着手。

同里国家湿地公园建园之初，就面临着恢复湿地环境的重大课题，其中，保育区的恢复工作更是重中之重。公园与英国野禽与湿地基金会（WWT）取得了联系，向对方发出了需求信。WWT对这个项目非常感兴趣，愿意接受邀请参与。很快，他们和南京大学团队等专家成立了项目组，开始对公园南部草本沼泽湿地保育区进行生态规划。本着对保育区的湿地生态系统负责任的态度，整个过程历时1年3个月，在经历了17轮方案的修改后，才最终完成。

为了满足不同生物的需求，保育区内已构建出深水区、浅水滩地和陆地等不同地形，对原有水鸟的栖息地，特别是草本沼泽进行了进一步的保护和恢复，并通过对本土水生植物的自然恢复，构建出了良好的水生植被和湿地景观。在树种的选择上，选取了红果冬青、枫杨、刺槐等可以为鸟类提供食物的食源性树种。经过多年的生态修复工作，这片保育区内已经形成了丰富多样的生境类型。生境多样性和生物多样性直接关联，这里目前已成为两栖动物、甲壳类动物和水鸟重要的栖息地，充满了活力。

除了南部的保育区，公园北面的澄湖也被划入保育区。澄湖是一个开放性的湖泊，周边紧邻社区。因此，其修复方式与公园内南部的保育区不同，主要是减少周边社区不合理的利用方式，具体包括拆除养殖围网、清退养殖活动、恢复湖滨带植被等生态恢复措施。恢复湖泊水环境，保障了湿地公园水质安全，为鸟类提供了良好的栖息环境。

除了保育区的恢复修建，公园连续多年对园内现有水系进行整理和连通，形成了水循环畅通的湖泊—河流—沼泽—坑塘水系网络，以发挥湿地公园的净水功能。通过水系整理工程，公园内部水系状况得到显著改善，河道、水环境容量增加；同时，也对澄湖来水进行了有效净化，保证了园内和周边的生态用水。

▲草本沼泽湿地保育区

用数字说话

为全面了解湿地自然环境和动植物资源状况，提高湿地管理水平和效率，有效保护湿地资源和生态环境，公园编制了《环境监测手册》，采用在线监测和人工采样监测相结合的方式，构建了同里湿地生态环境监测系统。目前，公园落实并设立了生态监测点和鸟类调查样线，其中，水文/水质监测点8个（其中，自动监测点3个），气象/土壤/空气质量监测点1个，森林病虫害监测点1个。公园积极开展湿地生态环境、森林病虫害与野生动物疫源疫病监测、湿地生物资源调查等一系列科研监测活动，详细了解、掌握了公园内动植物分布、种类、数量等信息，并重点调查珍稀物种的种类和数量，尤其是珍稀水禽和迁徙候鸟种类、数量和迁徙时间，

▲工作人员进行水质监测

并建立了完善的动植物名录和档案资料。截至2019年12月底，公园记录在册的鸟类多达11目38科204种。其中，观测新增鸟类107种，国家二级重点保护野生动物19种，为鸳鸯、卷羽鹈鹕、苍鹰、凤头蜂鹰等，省级保护鸟类也多达79种。另发现两栖爬行类动物14种、哺乳动物11种、鱼类29种，共计258种脊椎动物。

这些监测数据不仅帮助公园管理者了解公园当下的状态，更重要的是帮助园方更科学地开展保护和宣教工作。例如，公园会根据每月的鸟类调查，结合不同季节鸟类栖息条件的变化，对保育区的鸟类栖息地实施科学的水位管理。

每年11月，保育区内的水位被控制在吴淞高程 -0.6米的常水位左右，以保证从北方飞来的雁鸭类等游禽有足够栖息和觅食的场所。而等到来年4月，保育区内的水位会降到吴淞高程 -0.75米的中低水位左右，露出更多的浅滩供黑翅长脚鹬、泽鹬、林鹬、红颈滨鹬、青脚鹬等鸻鹬类栖息、觅食。

▲工作人员现场调查

▲白胸苦恶鸟

建立人与环境有机联系的纽带

虽然湿地是与人类生活最为密切的生态系统之一，也被誉为“地球之肾”，但是，直到20世纪70年代，湿地的概念以及相关的保护理念才正式被提出。对于大部分公众而言，湿地的价值和保护方法还很陌生。而因为其与人类生活关系密切，湿地保护工作离不开每个人的理解、支持和参与。湿地公园犹如宣传教育湿地的平台窗口，期望游客通过湿地公园的参访体验，理解和认同湿地保护的重要性和科学方法，并将之带回日常的工作与生活。

▲自然课堂

科普宣教看似容易，其实却非常具有挑战性。它不仅仅是单向的传递，更重要的是传递的信息能被游客记住、认同甚至运用。所以，管理团队总在思考一个问题：我们要在游客心中留下一个怎样的同里国家湿地公园？

2014年，公园启动了环境解说规划的工作，希望能系统地梳理和建设公园的宣传教育工作。公园首先从生物、环境、人文等基础资料的收集工作开始，然后从这些资料中提炼出核心的解说主题，再将这些解说主题，与场地资源、运用场景、受众等进行分类匹配，制定了一套系统的解说方案。

如今，这套解说方案已经渗透到了公园的每一处。从入园的游客服务中心到散落在公园各处的解说标识牌；从科普馆解说展厅到自然课堂的课程体验；从公园的生态讲解员到你现在手上的这本导览书，它们都在向你讲述属于同里湿地的故事。这一切的最终目的是希望在游客和这片湿地环境之间建立纽带，让公众理解和支持湿地保护的工作。

▲解说牌：候鸟的迁徙（左）、湿地的功能（右）

我在公园上班

同里国家湿地公园隶属于同里国际旅游开发有限公司。对于一家以旅游业为主的公司，要来运营一个以生态保护为主的湿地公园，其挑战不仅仅来自保护专业层面，更大的挑战可能来自于运营主体对国家湿地公园建设意义的理解。那么，他们又是如何理解和看待这份工作的呢？我们不妨听听他们伴随同里国家湿地公园成长的故事。

▲我在公园上班

从迷茫到坚定

同里国家湿地公园的经营团队具备丰富的旅游行业工作经验，但接手公园管理前却从未接触过生态保护和环境教育。因此，起初团队成员对这项工作也是充满疑惑的。对于建设湿地公园的定位和意义的理解，是随着工作的深入、不断的学习培训而渐渐明晰的。

团队成员和我们分享了一个小故事：有一次在公园内的施工现场巡查，工人们正在用挖掘机施工，不远处是轰鸣的打桩声。而一旁的荷花池塘里有几只䴙䴘，只见䴙䴘妈妈驮着两只小䴙䴘在池塘里慢悠悠地游着，画面和谐又美好。那一瞬间，他们真切地感受到了团队的使命，开始认真思考如何在保护和开发中找寻平衡。

同里国家湿地公园建设的意义应该是通过公园的建设来促进地方生物多样性的保育，促进人与自然的和谐。保护的观念在运营团队心里日积月累，逐渐发酵。而今，这些理念已经与他们的工作融为一体。公园制定了一系列精细化园区管理制度，用心探索湿地公园保护、科研、教育和运营的模式，为建立有温度的国家湿地公园而努力。

▲荷花池里的小鸊鷉亲鸟与幼鸟

公园代言人进阶路

作为国企运营的景区，管理团队在湿地公园创建初期便十分重视宣教工作，由此成立了宣教部门。这个部门在国内旅游企业的架构中非常少见。和传统的导游性质不同，宣教团队的讲解员主要负责面向游客开展生态主题的解说和教育活动，期望通过这些生动有趣的活动，激发游客对湿地公园内的各类生物和生命现象的好奇心，增加游客对人类与湿地间密切关系的了解，进而提升支持和参与湿地保护工作的意愿。

▲记录湿地物候

但是，这样一支专业性团队的组建过程并不容易，因为生态讲解员在国内还是一种新兴职业，并没有对口的专业进行培养。因此，同里湿地的宣教团队成员专业背景十分多样化，有旅游学、风景园林学、微生物学，等等。然而，正是这样文理双全的专业背景，为同里湿地的宣教工作提供了更多可能性。从江南野草到天空飞羽，从中医草药到水乡文化，生态讲解员们各自发挥优势，从不同角度挖掘同里湿地背后的故事。

团队把大部分时间用在了对湿地宣教的精耕细作上。为了让自己的解说更具有说服力，生态讲解员们需要花大量的精力投入大自然，感知湿地的物候变迁，绘制自然笔记；收集自然遗落物，制作自然手工；根据课程需求，制作特色教具。讲解员们在实践中自我学习和成长。除此以外，公园也会为讲解员安排相关的在职培训，提升专业技能。就这样，公园的宣教团队从2015年的1位专职人员发展到2019年已经拥有宣教人员9名的团队。

除了自己学习，公园宣教团队也会在外部团队来同里湿地开展工作时进行“偷师”。他们会跟着前来开展鸟类调查的团队学习鸟类辨识的技能，请教有关鸟类习性方面的知识；跟着植物调查的团队学习植物辨识的方法。队员之间也会经常聚在一起，互相讨论、打磨课程内容。

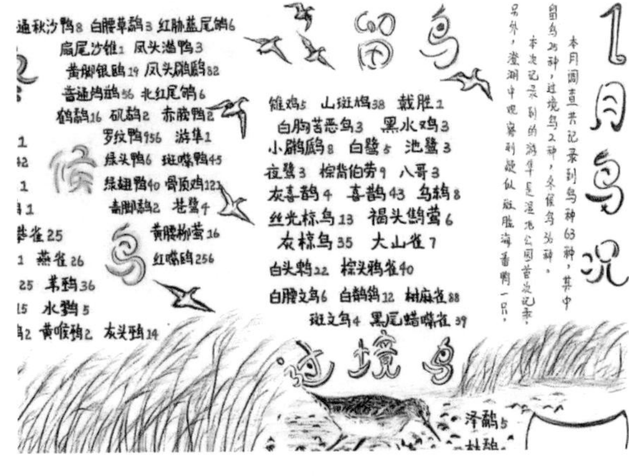

▲同里鸟况月历（讲解员手绘）

▲宣教课程任务单（讲解员设计）

▲鸟类模型教具（讲解员制作）

▲工作人员跟随鸟类专家进行鸟类调查

在内、外部团队共同的努力下，目前，同里国家湿地公园已经开发了一系列在地化的环境教育课程，例如，看见湿地之美的《鹭鸟家族》《探访江南的原住民》课程，体验湿地水乡生活的《四季物候》《肖甸湖的渔与耕》课程，守护同里湿地的《水上旅馆》《湿地之路》课程等。同里湿地的环境教育课程不仅有趣、好玩，还植入了专业的生态保护知识。每个课程都根据特定的人群特点而设计，比如，针对学龄段人群的课程，更侧重激发孩子对自然的兴趣，以及自然观察、湿地保护行动、团队合作、分析讨论等综合能力的培养；针对成年人的课程，则更侧重趣味性、实用性，更多地激发成人的主动性，并且常常配合户外拓展活动进行。此外，课程还充分考虑到季节的差异性，挖掘四季特色，比如，十分热门的《四季物候》课程，就是按照时令邀请参与者学习和体验湿地植物和饮食文化的课程。

▲带领学生在杉林中观鸟

为了让宣教课程更具代入感，团队的每一位伙伴都用湿地里的物种为自己起了一个自然名，比如，白鹭、春笋、鹌鹑、半夏，等等。大家用自然名相互称呼，也鼓励参加活动的游客用自然名来称呼自己，以这种方式拉近自己与游客的距离，同样也拉近了游客与自然的距离。你可以跟着白鹭老师认识森林里的《鹭鸟家族》，跟着半夏老师探秘《奇妙四季》，跟着蒲公英老师品味《四季物候》……

经过几年的运营，同里国家湿地

▲讲解员模仿池鹭的形态

▲指导学生测量大树的胸径

公园的宣教活动已成为其创收点，有效地延长了游客在公园内的逗留时长，拉动了公园内以及周边配套产业的消费需求。

此外，团队还受邀与周边学校签署合作协议，送课进课堂。

生态讲解员每月前往学校，为学生开展一节同里湿地的环境教育课程，将湿地保护的意义和重要性传递给水乡的孩子们，帮助他们建立与家乡的联系，同时，树立湿地保护的观念，以及掌握科学地进行湿地保护的方法。当然，也希望通过“小手牵大手”的方式，影响更多的人。

除了生态解说和教育活动，公园还针对亲子、成人等不同类型游客的游赏风格和兴趣，设计开发了《同里湿地超有趣》《江苏吴江同里国家湿地公园鸟类摄影集》《探秘湿地》《同里国家湿地公园导览折页》《湿地小报》《同里湿地 TIME》等自然主题的出版物，生动展现同里四季的生物多样性、物候现象、景观风致等，帮助游客从多角度深度体验湿地奥秘。

▲鲈乡小学送课进课堂活动

▲《同里湿地超有趣》

▲公园的自然主题出版物

多方共建

同里国家湿地公园的创建成功不仅仅是因为当地政府的重视、公园内部团队的付出，也离不开周边社区的参与，以及社会组织、生态类企业和相关艺术家的专业支持。多方的参与，不仅仅提升了同里国家湿地公园在生态修复、科普宣教领域的专业性，也是公园在社会力量参与湿地保护领域的积极探索和经验累积。它们中的一些案例，已经成为全国湿地公园建设中的培训示范案例。

▲灰喜鹊

激发社区的力量

根据《国家湿地公园管理办法》规定，管理机构应当建立和谐的社区共管机制，优先吸收当地居民从事湿地资源管护和服务等活动。同里国家湿地公园的范围内包括3个自然村，为了给当地社区公众提供就业岗位和参与保护的机会，公园与社区居民和

▲周边社区

相关单位签订生态保护协议，并且鼓励村民积极参与湿地公园建设与管理工作。园方还吸纳周边居民成立湿地管护队，打击非法行为。

专业机构辅导

自2013年起，公园先后与英国野禽与湿地基金会(WWT)、南京大学、台湾永续游憩研究室、上海新生态工作室、苏州绿羽工作室等机构在生态修复、环境解说和鸟类监测方面开展了深度合作，并成为国内最早全面引入环境解说理论方法指导公园湿地科普宣教工作的国家湿地公园之一。

▲与WWT专家开展湿地修复工作交流

2018年，公园又与世界自然基金会（WWF）中国签署合作备忘录，引入WWF的专家资源和国际经验，对同里国家湿地公园的宣教工作进行全面的梳理和提升，将同里国家湿地公园打造为国家湿地公园开展湿地宣教的典范。WWF为宣教团队提供WWF环境教育课程开发的系统培训，并以课程编写工作坊的形式，辅导宣教团队开发了同里国家湿地公园环境教育课程。2019年，课程完成开发，并在试课过程中获得了游客和周边社区的欢迎和喜爱。为了进一步完善公园的解说产品体系，WWF与公园共同开发了面向公众的自然导览手册，也就是本书。通过书本的方式引导成年游客深入体验公园的自然，同时理解同里国家湿地公园建设背后的故事。

▲课程编写工作坊参与者合影

▲位于米丘学术交流中心的孙晓东摄影展

生态摄影师眼中的同里

太湖流域河湖众多、水网密布，以湿地的丰富性和多样性著称，而湿地所能容纳的生物多样性又往往丰富得令人难以置信。为了让游客也能感受到这份多样性，体会湿地美学，公园特别邀请生态人文摄影师孙晓东老师，进行了跨度长达3年的拍摄。

孙老师说，当一个人以生态人文摄影师的视角，陪伴、观察和拍摄同里湿地3个寒暑之后，就一定能充分领略同里湿地的价值与守护它的意义。

无论是初春花丛中觅食的黑水鸡，还是夏夜荷花池畔的萤火虫；无论是清晨外出觅食的白鹭，还是午夜竹林下闪着幽光的发光蘑菇，同里国家湿地公园里这些或常见、或隐秘的湿地生灵，在我们看似熟悉的环境下，经历着自己独特的生命轮回，生生不息。而湿地畔的人们千年来伴水而生、因水而活，形成了江南水乡特有的文化气质，也成了太湖流域湿地精神气韵的一部分。

目前，所有精选摄影作品均以“活力生态——江苏同里国家湿地公园‘生灵之美’摄影展”，在米丘学术交流中心内面向公众免费参观。欢迎你和我们一起感受湿地生态之美、人文之韵。

▲摄影师孙晓东

游览线路建议

整座公园处处都可以看到园方为了修复和保护这片湿地所付出的努力和心血。如果你希望详细了解公园湿地保护的工作，建议阅读沿途中解说牌的信息。如果你希望一窥生态摄影师眼中的同里，可以前往米丘学术交流中心，参观展览。如果你希望参加公园的教育课程或体验活动，可以前往自然课堂咨询。

同里湿地旅行九宫格

为了让你在游园中获得更多的体验和感受，特别为你设计了9项小任务，它们分别位于九宫格内。每完成一项请在对应的格子中打勾。如果每条横线、竖线或者对角线上都有勾，就可以连线，完成一条线即可通关。也欢迎你将这份通关结果通过同里国家湿地公园微信公众号分享给我们。

请写下你在同里看到的一种鸟的名字 ______	请在林中深呼吸10次	请模拟一种动物的叫声
请用两个词描述你当下的心情 ______	请找出一项公园开展湿地保护工作的证据	请找到一棵树用双臂抱紧它
请找一个草坪然后全身平躺在地上3分钟	请用手机录下一段公园内的自然声音	请在公园内完成徒步10000步

参考文献

包云, 马广仁. 中国湿地报告[M]. 北京: 中国林业出版社, 2012.

蔡邦华. 昆虫分类学[M]. 北京: 科学出版社, 1985.

陈见. 沉水植物苦草和水环境质量相互效应的研究[D]. 武汉: 华中农业大学, 2011.

陈鲜勇. 为明天的舞蹈换装——水蚤羽化[J]. 生命世界,2013(11): 34-36.

付书遐. 中国主要植物图说[M]. 北京: 科学出版社, 1957.

韩伶俐. 竹文化与江南竹子植物造景研究[D]. 杭州: 浙江农林大学, 2017.

江苏省水产局史办公室. 江苏省渔业史[M]. 南京: 江苏科学技术出版社, 1993.

姜仕仁, 黄俊. 6种不同声频对豇豆苗期生长影响的研究[J]. 安徽农业科学, 2011, 39(17): 10223-10226, 10236.

蒋锦昌, 杨新宇. 蝉类用于声通讯的鸣声特性及其飞行趋声范围的估计[J]. 声学学报, 1995(3): 226-231.

李超, 王孟楚. 鼠麴草总黄酮的抗氧化活性研究[J]. 中国食品添加剂, 2012(1): 111-115.

林峰. 江南水乡[M]. 上海: 上海交通大学出版社, 2006.

龙武生, 龙俞伶. 奇妙的种子传播方式[J]. 湖南农业, 2004(6): 22-22.

潘伟. 中国传统农器古今图谱[M]. 桂林: 广西师范大学出版社, 2015.

阮仪三. 江南古镇: 同里[M]. 杭州: 浙江出版集团数字传媒有限公司, 2017.

唐志远. 水蚤水下怪兽成长日记[J]. 博物, 2011(5): 18-21.

王大纯. 水文地质学基础[M]. 北京: 地质出版社, 1986.

王金亮, 郭梦桥, 黄灿灿. 绶草有性繁殖技术研究进展[J]. 黑龙江科学, 2017, 8(16): 11-13.

王立. 枯枝落叶对保护森林生态及生物多样性的重要性[J]. 长江大学学报(自然科学版), 2011, 08(6): 248-251.

[明]王磐. 野菜谱. https://www.shuge.org/ebook/ye-cai-pu/.

王希群, 马履一. 水杉的保护历程和存在的问题[J]. 生物多样性, 2014, 12(3): 377-385.

王宪礼, 肖笃宁. 湿地的定义与类型[M]. 长春: 吉林科学技术出版社, 2005.

韦力, 邵伟伟, 林植华. 饰纹姬蛙求偶鸣声特征分析[J]. 动物学研究, 2013, 34(1): 14-20.

吴俊范. 水乡聚落——太湖以东家园生态史研究[M]. 上海: 上海古籍出版社, 2016.

吴征镒, 洪德元. 中国植物志[M]. 北京: 科学出版社, 2010.

参考文献

姚冈, 史震宇. 以竹为景弘扬文化[J]. 中国园林, 1997(3): 24-25.
于曦, 刘祥君, 石福臣. 槐叶苹对富营养化水体净化效果的研究[J]. 天津师范大学学报（自然科学版）, 2006, 26(3): 19-22.
宇文会娟. 河北省鹭类筑巢对栖息地环境影响的研究[D]. 石家庄: 河北师范大学, 2008.
张修桂. 太湖演变的历史过程[J]. 中国历史地理论丛, 2009, 24(1): 5-12.
赵欣如, 卓小利, 蔡益. 中国鸟类图鉴[M]. 太原: 山西科学技术出版社, 2015.
中国水果蔬菜网. 竹笋采收保鲜技术[J]. 保鲜与加工, 2010(3): 16.
周芳纯. 竹子的生长发育[J]. 竹类研究, 1998(1): 53-73.
Manuel Liebeke, Nicole Strittmatter, Sarah Fearn, et al. Unique metabolites protect earthworms against plant polyphenols [J]. Nature communications, 2015, 6: 7869.

行前指南

着装类

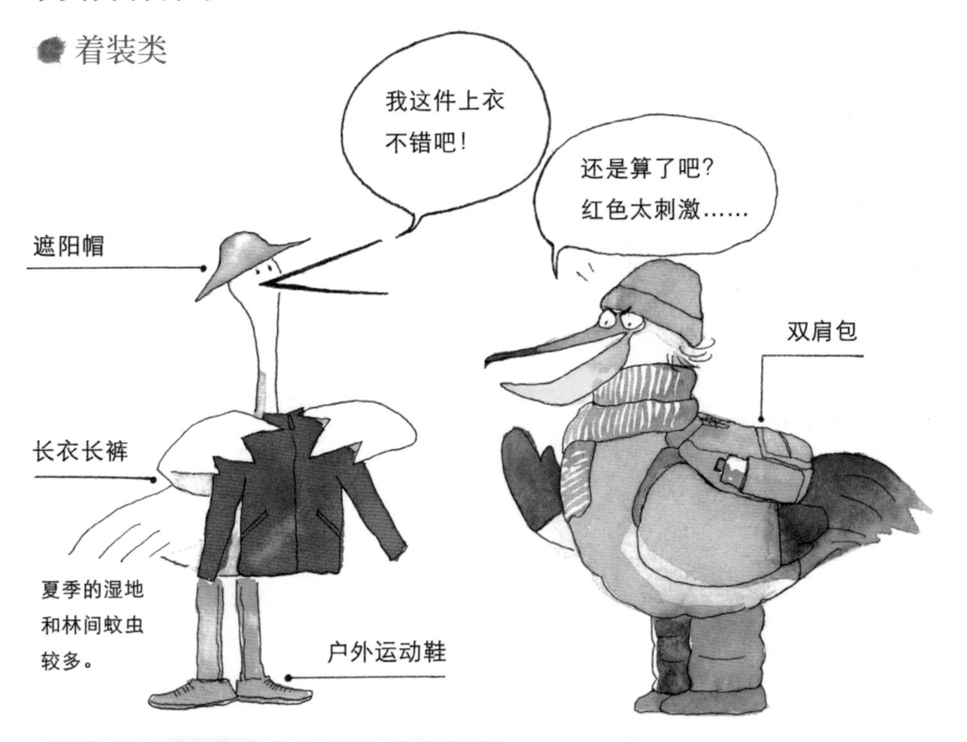

春、冬季着装

春、冬季气温较低，需准备具有保暖性、防风性的外套。

着装色彩指南：

色彩上推荐穿着与环境最为融合的黑色、绿色、咖啡色的服装，以免吓到公园里的“小居民”。

地址： 苏州市吴江区同里镇屯村社区东北部

开放时间： 8:30~16:30（18:00清园）

门票： 20元（6岁以下儿童，70岁以上老人凭身份证可以免票）

特殊服务项目

生态/观鸟讲解： 150元/次

湿地游船： 电动船 120元/船/趟，限乘8人；手摇船 220元/船/趟，限乘4人

推荐携带物品

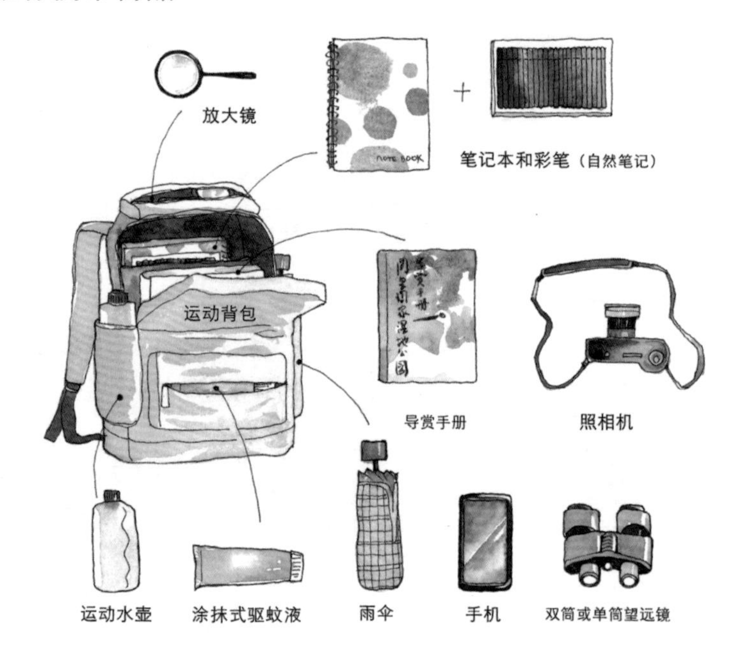

周边公共交通信息

"自然有故事"巴士

往返线路：同里镇北停车场 ⇄ 同里湿地公园
首末班时间：公园方向 08:00~17:00　古镇方向 09:00~17:20
班次：1小时左右
备注：同里湿地公园站下即可到达游客服务中心

7103路

往返线路：同里车站 ⇄ 肖甸湖
首末班时间：肖甸湖方向 06:30~18:00　同里方向 06:20~18:00
班次：半小时左右
备注：肖甸湖站下即可到达游客服务中心

7107路

往返线路：同里车站 ⇄ 肖甸湖北
首末班时间：肖甸湖北方向 06:30~18:00　同里方向 06:20~18:00
班次：半小时左右
备注：肖甸湖北站下即可到达公园北门

同里湿地常见动植物

使用说明

所属分类类别

物种简介
物种的主要外型特征和习性介绍等。

物种中文名

芦苇　　挺水植物

主要的湿地植物之一。多年生挺水植物，高可达1~3米。叶披针形线状，长而粗壮的地下匍匐根状茎蔓延可生出新的植株，因而扩散极快。其叶、茎、根等都具有通气组织，所以在净化污水中起到重要作用。芦苇丛是许多水鸟的繁殖场所，遇到危险时水鸟也会举家躲进芦苇丛中。古人常用芦苇制扫帚，秋季随风摆动的芦花也是湿地独特的景观之一。

生境：湖泊、池塘沟渠沿岸和低湿地。

易发现指数：★★★★★

	01	02	03	04	05	06	07	08	09	10	11	12
观察期	●	●	●	●	●	●	●	●	●	●	●	●
花期									●	●		
果期											●	

生境
物种主要的栖息或生存环境，也可作为野外观察搜寻的线索。

易发现指数
该物种在公园内容易被发现的难易程度。星星数目越多，越容易被发现，满格为5颗星。

月份

颜色
所有物种均按照在书中对应章节出现的顺序进行排列。每个物种简介框的主题色与其所对应章节的主题色一致，方便你对应正文进行查看。

芦苇

挺水植物

主要的湿地植物之一。多年生挺水植物，高可达1~3米。叶披针形线状，长而粗壮的地下匍匐根状茎蔓延可生出新的植株，因而扩散极快。其叶、茎、根等都具有通气组织，所以在净化污水中起到重要作用。芦苇丛是许多水鸟的繁殖场所，遇到危险时水鸟也会举家躲进芦苇丛中。古人常用芦苇制扫帚，秋季随风摆动的芦花也是湿地独特的景观之一。

生境：湖泊、池塘沟渠沿岸和低湿地。

易发现指数：★★★★★

	01	02	03	04	05	06	07	08	09	10	11	12
观察期	●	●	●	●	●	●	●	●	●	●	●	●
花期									●	●		
果期											●	

小香蒲

挺水植物

多年生沼生或水生草本，高可达半米以上。挺出水面的披针形叶片1~2 毫米宽。香蒲属植物以花序似蜡烛而出名。小香蒲的雌、雄花序相距甚远，雄花序在上，细棒状，像是染成浅棕色的长蜡烛，雌花序在下，短粗矮胖，更似微微烤焦的小香肠。这种上雌下雄的结构更易于风媒植物的花粉随风飘落到雌花上完成授粉。

生境：浅水沼泽、沼泽化草甸及排盐渠沟边的低湿地。

易发现指数：★★★★

	01	02	03	04	05	06	07	08	09	10	11	12
观察期					●	●	●	●				
花期					●	●	●	●				
果期					●	●	●	●				

水烛

挺水植物

水生或沼生草本。小香蒲的近亲，但可比小香蒲高一倍以上，叶片也更长、更宽。雌、雄花序同样上下远离，但它的雌花序长可达30厘米，远观更像蜡烛。水烛是湿地常见的挺水植物，在水体干枯时亦可生于湿地及地表龟裂环境中。

生境：湖泊近岸处、池塘浅水处，沼泽、沟渠也常见。

易发现指数：★★★★

	01	02	03	04	05	06	07	08	09	10	11	12
观察期				●	●	●	●	●	●	●	●	
花期						●	●	●	●			
果期						●	●	●	●			

莲

挺水植物

十大名花之一。多年生挺水植物。莲叶大如盾牌，夏季开红色、粉色或白色花。地下茎俗称“莲藕”，是美味的食材。果实俗称“莲蓬”，种子俗称“莲子”。各部分器官都分布着中空的空隙，使其能高度适应水生生活，具有很强的吸附污染物的能力。高出水面的叶和花是蜻蜓等水生昆虫羽化的场所，也是许多蛙类和水鸟的栖息之地。

生境：阳光足、通风良好的开阔水面。

易发现指数：★★★★★

	01	02	03	04	05	06	07	08	09	10	11	12
观察期					●	●	●	●	●	●	●	
花期						●	●	●				
果期								●	●	●		

睡莲

浮叶植物

多年生浮叶草本。肥厚的根状茎埋在淤泥中。叶片分两种：浮于水面的圆形或卵形，常因叶柄处缺口呈心形；沉水叶薄膜质。睡莲花大、美丽，浮在或高出水面，白天开花而夜间闭合，有白色、蓝色、黄色、红色等多种花色，是有名的水生观花植物。

生境：池沼、湖泊等静水水体中。

易发现指数：★★★★★

	01	02	03	04	05	06	07	08	09	10	11	12
观察期					●	●	●	●	●	●	●	
花期						●	●	●				
果期								●	●	●		

苦草

沉水植物

多年生沉水植物。丛生叶片成飘带状，绿色或略带紫红色，随水流飘动。雌雄异株，花序极小，雄花成熟后浮在水面开放；雌花由随水深变化长度的花梗连接浮于水面等待授粉。结果后，果实会被“拉回”水下进行保护。

生境：溪沟、河流、池塘、湖泊之中。

易发现指数：★★★★

	01	02	03	04	05	06	07	08	09	10	11	12
观察期				●	●	●	●	●	●	●	●	
花期							●	●	●	●		
果期								●	●	●	●	

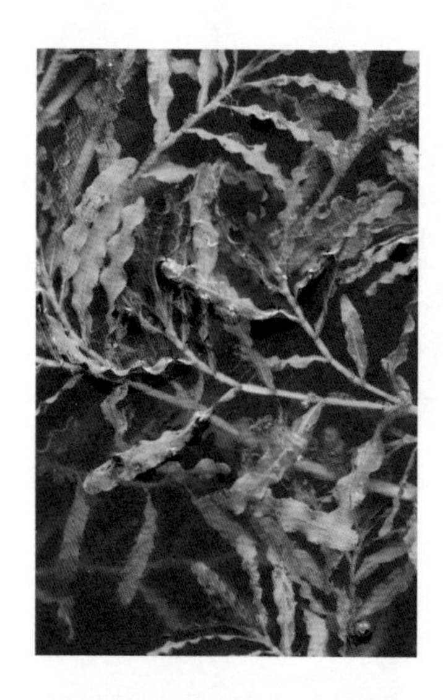

菹草

沉水植物

多年生沉水植物。扁圆柱形的茎多分枝，近基部常匍匐水底，于节处生出须根。叶条形，先端钝圆，边缘呈波浪状。花序穗状。秋季发芽，春季生长，叶腋处有时有形似松果的休眠芽。菹草是草食性鱼类的良好天然饵料，一些地区将其选为水田养鱼的草种。

生境：池塘、水沟、水稻田、灌渠及缓流河水中，微酸至中性水体中。

易发现指数：★★★★

	01	02	03	04	05	06	07	08	09	10	11	12
观察期			●	●	●	●						
花期				●								
果期					●							

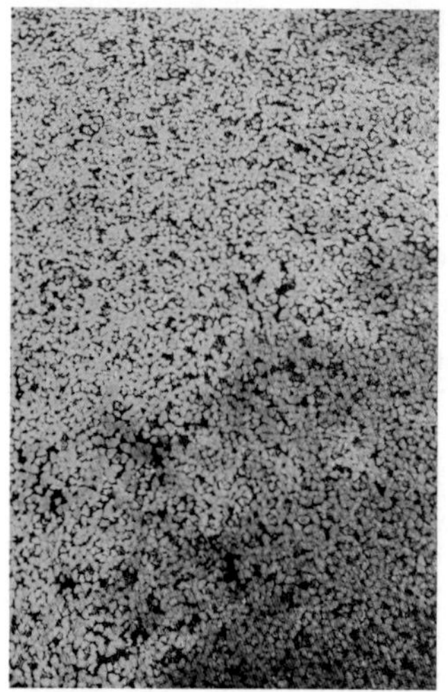

浮萍

漂浮植物

一年生漂浮植物。植株极微小，仅由几片绿色的椭圆或卵圆形叶状体构成，背面着生着一条白色丝状根垂在水中，没有固定的生长点，因而可以随水流漂动。常成片出现在相对静止的水域，也是水体富营养化的标志。浮萍是世界上最小的有花植物，它的花需要显微镜才能看清。

生境：水田、池沼或其他静水水域。

易发现指数：★★★★★

	01	02	03	04	05	06	07	08	09	10	11	12
观察期			●	●	●	●	●	●	●	●	●	
花期				●	●	●						
果期								●	●	●		

槐叶苹

漂浮植物

浮蕨类。茎细长而横走水面。漂浮水面的小叶片形如槐叶，长仅1~1.5厘米。不同于浮萍，槐叶苹不开花，而是通过孢子进行有性繁殖，或者以植株断裂的方式进行营养繁殖。

生境：水田中，沟塘和静水溪河水面。

易发现指数：★★★★★

	01	02	03	04	05	06	07	08	09	10	11	12
观察期			●	●	●	●	●	●	●	●	●	

黑水鸡　　鸟类

留鸟。全身黑色，只有两肋和尾下覆羽两侧有白色条纹。嘴部可能是它全身最为亮眼的地方，先端黄色，后部红色。喜欢在白昼活动，善于涉水、游泳，非繁殖期极少鸣叫。

生境：澄湖、荷塘、芦苇荡、河道等水草较为茂盛的地方。

易发现指数：★★★★★

01 02 03 04 05 06 07 08 09 10 11 12

观察期

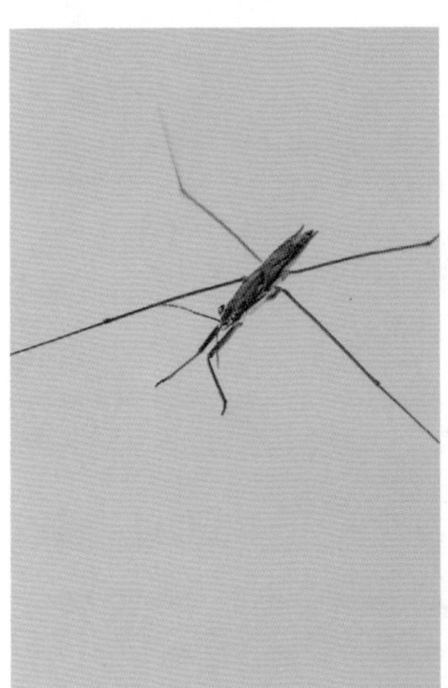

水黾　　昆虫

栖息于水面的半翅目昆虫，身体细长，非常轻盈，能静立水面。全身黑褐色，体长约22毫米。前脚短，可以用来捕捉猎物；中脚和后脚很细长，长着具有油质的细毛，能够防水。在陆地上也可生活一段时间。

生境：静水面或溪流缓流水面上。

易发现指数：★★★★★

01 02 03 04 05 06 07 08 09 10 11 12

观察期

远东刺猬　　哺乳动物

因全身短而密的棘刺而得名。体型肥矮，眼小爪利，喜欢在夜间活动，以昆虫和蠕虫为主要食物。有时会进入农田“偷食”瓜果，因而在苏南民间被称为"偷瓜獾"。性格温顺，遇危险时会卷成一团，变成带刺的球，有冬眠习性，秋末开始冬眠直至次年春季气温转暖到一定程度。

生境：林下灌木丛中。

易发现指数：★★

01 02 03 04 05 06 07 08 09 10 11 12

观察期

黄鼬

哺乳动物

小型食肉哺乳动物。全身棕黄色或橙黄色，体型细长，尾长约为体长的一半，尾毛随季节变化，冬密夏疏。体内具有臭腺，遇到危险时会排出臭气，麻痹敌人。喜食啮齿类动物。因遭受捕杀及栖息地丧失，现已被列入《国家重点保护陆生野生动物名录》，为IUCN易危物种。

生境：灌丛草丘中，居于石洞、树洞或倒木下。

易发现指数：★★

01 02 03 04 05 06 07 08 09 10 11 12

观察期

赤链蛇

蛇类

几乎可算无毒的毒蛇。体长1米左右，背部黑褐色，有60条以上的红色窄横纹，腹部灰黄色。夜晚出没，捕食鱼、蛙、蜥蜴、蛇、鸟等。性情胆小温顺，毒性较小，虽被咬后通常无激烈的中毒反应，但仍可能引起不同程度的过敏反应，切勿轻视，应及时就医。

生境：靠近河道、池塘的草丛、杉林下。

易发现指数：★★

01 02 03 04 05 06 07 08 09 10 11 12

观察期

青脚鹬

鸟类

旅鸟。拥有粗而长的嘴，略上翘，脚绿色。非繁殖期上体灰色，头至后颈具灰色细纹，胸腹部白色。繁殖期上体有黑色斑点，头颈部的黑斑纹变粗，胸及两胁也具黑色斑点。在同里，部分为过境鸟，部分为冬候鸟，秋季数量较多，常单独或结成小群，在浅水中边走边觅食，时而突变反向，还会集群围捕猎物。

生境：鱼塘及草本沼泽保育区的浅滩。

易发现指数：★★★★

01 02 03 04 05 06 07 08 09 10 11 12

观察期

黑翅长脚鹬 鸟类

旅鸟。水鸟界的“大长腿”，脚非常修长，粉红色，嘴也细长且直。雄鸟上体黑色，下体白色，雌鸟颜色较浅。鸟类中的一雄一雌制，雄性常因为争夺交配权而发生斗争。虽为旅鸟，但在同里几乎全年都有机会观测到，甚至部分已在公园内“落户”，可见公园内生态环境保持良好。

生境：鱼塘、荷塘及草本沼泽保育区的浅滩。

易发现指数：★★★★

	01	02	03	04	05	06	07	08	09	10	11	12
观察期				●	●	●	●	●	●	●		

鰲（cān） 鱼类

体型纤长扁薄，头尖，三角形。背部青灰色，腹面银白色，尾鳍边缘灰黑色。体表鳞片轻薄易脱落。行动迅速，性活泼，喜欢集群，在沿岸水面觅食。5~6月产卵时有逆水跳滩的习性，淡黄色鱼卵常黏附于水草或砾石上等待孵化。许多地方的餐桌美味。

生境：荷花池及水生植物园的池塘中。

易发现指数：★★

	01	02	03	04	05	06	07	08	09	10	11	12
观察期	●	●	●	●	●	●	●	●	●	●	●	●

鳑鲏 鱼类

鳑鲏亚科所有鱼类的统称。小型淡水鱼类，体呈卵圆形或菱形，头短口小，背部鳞片在光下呈现金属光泽。生殖期的雌鱼出现产卵管，雄鱼产生婚姻色或珠星，依靠淡水河蚌繁殖。活动范围小，寿命短。因对水质的高要求而成为“水质检测专家”。

生境：荷花池及水生植物园的池塘中。

易发现指数：★★★

	01	02	03	04	05	06	07	08	09	10	11	12
观察期	●	●	●	●	●	●	●	●	●	●	●	●

蝴蝶花 草本

多年生阴生草本。花茎自暗绿色的基生叶中伸出直立，高于叶片。花朵直径5厘米左右，蓝紫色，大而美丽。花瓣上的黄色斑点和舌状附属物可以指引传粉昆虫前来访花。蝴蝶花是林下及河岸常见的栽培观花植物。

生境：荫蔽而湿润的河岸护坡上。

易发现指数：★★★★★

	01	02	03	04	05	06	07	08	09	10	11	12
观察期			●	●	●	●	●	●				
花期			●	●	●	●						
果期				●	●	●	●	●				

蓬蘽 灌木

落叶灌木。茎直立，表面有腺毛、皮刺。小叶片卵形，边缘锯齿状。花大，白色，是重要的乡土蜜源植物。果实鲜红多汁，口味酸甜，可食用，也是众多鸟类青睐的食物。

生境：路旁阴湿处或灌丛中。

易发现指数：★★

	01	02	03	04	05	06	07	08	09	10	11	12
观察期	●	●	●	●	●	●	●	●	●	●	●	●
花期				●								
果期					●	●						

珠芽地锦苗 草本

多年生草本。喜欢阴暗潮湿处或河道水沟边。叶羽状分裂，顶端常有红色腺点。紫红色拖着长尾的小花整齐排列于花序上，花茎直立，高出叶丛。与地锦苗区别在于：叶腋处有易脱落的球形珠牙。同里春、夏游船途中不可错过的观赏花卉。

生境：林下、草丛、河道旁。

易发现指数：★★★★

	01	02	03	04	05	06	07	08	09	10	11	12
观察期	●	●	●	●	●	●	●	●	●	●	●	●
花期			●	●	●	●						
果期			●	●	●	●	●					

毛竹

竹类

常绿草本植物。秆高可达20多米，粗20多厘米。老秆光滑无毛，并由绿色渐变为绿黄色。作为我国栽培历史最悠久、面积最大的竹种，不仅具有重要的经济价值，可作建筑梁柱，制成各种竹器，提供鲜美可口的竹笋，更具有涵养水源和固碳的生态价值。

生境：气候温暖、土壤深厚、肥沃和排水良好环境。

易发现指数：★★★★★

	01	02	03	04	05	06	07	08	09	10	11	12
观察期	●	●	●	●	●	●	●	●	●	●	●	●

早园竹

竹类

与毛竹同属刚竹属，但较为纤细低矮。秆高达6米，粗3~4厘米。喜欢偏酸性的土壤，怕积水，耐旱抗旱。笋期4月上旬开始，出笋持续时间较长，笋味鲜美。竹材可做成柄材、晒衣竿等。

生境：适宜于气候温暖、土壤深厚、肥沃和排水良好的环境。

易发现指数：★★★★★

	01	02	03	04	05	06	07	08	09	10	11	12
观察期	●	●	●	●	●	●	●	●	●	●	●	●

小䴙䴘

鸟类

留鸟。体长约27厘米，因体型短圆，在水上浮沉如同葫芦，又名“水葫芦”。整体灰褐色，脸和颈部为灰白色。繁殖期整体羽色加深，脸、颈抹上了栗红色的“腮红”，嘴裂处乳白色。小䴙䴘生性胆怯，多单独活动，偶尔聚成小群，捕食时频频潜水，叫声似连续笑声。

生境：园内河道、荷花塘、草本沼泽保育区水域等水生植物茂盛的地方。

易发现指数：★★★★★

	01	02	03	04	05	06	07	08	09	10	11	12
观察期	●	●	●	●	●	●	●	●	●	●	●	●

普通翠鸟

鸟类

留鸟。体型小巧，长约15厘米，羽色华丽。上体金属浅蓝绿色，颈侧具白色斑点；下体橙棕色，喉部白色。雌、雄鸟的区分全靠一张嘴：雄鸟嘴全黑色，雌鸟下嘴橙红色，似涂了口红。喜欢单独或成对栖息于近水树枝或岩石上，见有猎物立即以迅速凶猛的姿势直扑入水中，用嘴捕取。

生境：开阔的湖面、河道上。

易发现指数：★★★★★

	01	02	03	04	05	06	07	08	09	10	11	12
观察期	●	●	●	●	●	●	●	●	●	●	●	●

水杉

乔木

我国特有的孑遗植物。落叶乔木，老树高可达50米。新生幼枝绿色，到冬季则变为棕色，老树树皮会裂成条状。淡绿色的叶扁平条形，在小枝上排成羽毛状，秋季凋落前变为红褐色。水杉耐寒，耐水湿，根系发达，在轻盐碱地也可生长，是湿地常见的重要乔木。

生境：河道两旁。

易发现指数：★★★★★

	01	02	03	04	05	06	07	08	09	10	11	12
观察期	●	●	●	●	●	●	●	●	●	●	●	●
花期		●	●									

蛇莓

草本

多年生草本。茎在地上匍匐。小叶片倒卵形，顶端圆钝，边缘钝锯齿状。春季开黄花，5枚花瓣彼此分离，之后结形似草莓、海绵质、鲜红色的果实，不可食用，但可入药。

生境：河岸、草地、潮湿的地方。

易发现指数：★★★★★

	01	02	03	04	05	06	07	08	09	10	11	12
观察期			●	●	●	●	●	●	●	●		
花期				●	●							
果期						●	●	●				

毛叶对囊蕨 蕨类植物

常绿蕨类。茎上有红褐色阔披针形鳞片。叶柄上也有褐色披针形鳞片及卷毛；叶片多形，可羽裂成10~12对。短线形的孢子囊群位于羽状裂片背面，成熟时几乎布满裂片下面。蕨类多喜欢荫庇潮湿之处，在同里杉林下可见成片生长。

生境：林下、溪沟边。

易发现指数：★★★★★

	01	02	03	04	05	06	07	08	09	10	11	12
观察期	●	●	●	●	●	●	●	●	●	●	●	●

黑足鳞毛蕨 蕨类植物

常绿蕨类，高50~80厘米。叶自基部簇生。主要辨识特征为叶柄基部密布的披针形、棕色有光泽的鳞片以及二回羽裂的叶。繁殖期小羽片靠近中脉两侧各有一行圆肾形孢子囊群，成熟后变深棕色，开裂，将孢子散入空气。公园杉林下成片生长。

生境：林下。

易发现指数：★★★★

	01	02	03	04	05	06	07	08	09	10	11	12
观察期	●	●	●	●	●	●	●	●	●	●	●	●

小蜡 灌木

落叶灌木或小乔木。叶片薄如纸，长圆形，上面深绿色。夏季开成片白色小花，香气浓郁。果实可酿酒，种子可榨油制肥皂，树皮和叶可入药。有多种变种，改良培育后多用作绿篱植物，如银姬小蜡。

生境：湖边、河旁、杉林下、混交林下。

易发现指数：★★★★★

	01	02	03	04	05	06	07	08	09	10	11	12
观察期	●	●	●	●	●	●	●	●	●	●	●	●
花期			●	●	●	●						
果期									●	●	●	●

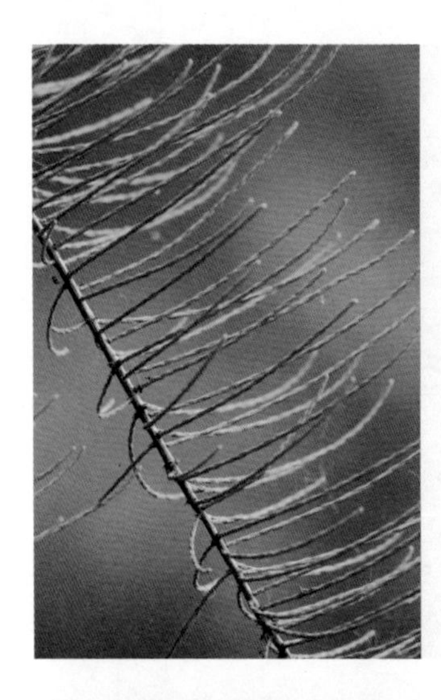

池杉 乔木

落叶乔木。树形优美，小枝细长，微向下弯垂。叶钻形，在枝上螺旋状向上，秋季叶片变为红褐色。耐水湿，长期浸在水中也可正常生长，但不耐碱性土壤。原产北美洲，也为古老孑遗植物之一。中国1900年后引入，是长江南北水网地区重要的绿化树种。

生境：沼泽湿地。

易发现指数：★★★★★

	01	02	03	04	05	06	07	08	09	10	11	12
观察期	●	●	●	●	●	●	●	●	●	●	●	●
花期			●	●								
果期									●	●	●	

紫花地丁 草本

多年生草本。早春常见草花。基部叶莲座状，较小，上部叶片较长，果期叶片还会增大，可达10余厘米。紫色的花正面状如蝴蝶，背面有“小尾巴”，称为距，内藏昆虫喜爱的花蜜。花型小巧可爱，耐阴耐寒，适应性强，从开花到种子成熟只需一个月。

生境：田间、荒地、山坡草丛、林缘或灌丛中。

易发现指数：★★★

	01	02	03	04	05	06	07	08	09	10	11	12
观察期				●	●	●						
花期				●	●	●						
果期				●	●	●						

白鹭 鸟类

在同里成为留鸟。体长约60厘米的中型涉禽，喜欢群集于食物集中的栖息地。全身雪白，嘴和脚黑色，脚趾像套了“黄袜子”。繁殖期枕部有两根长长的装饰羽，背部还有美丽的蓑状羽毛。常与其他鹭类混群生活。

生境：杉林、开阔的河塘、湖岸边。

易发现指数：★★★★★

	01	02	03	04	05	06	07	08	09	10	11	12
观察期	●	●	●	●	●	●	●	●	●	●	●	●

灰脸鵟鹰 鸟类

旅鸟。中等体型，体长约45厘米，体色偏褐色，背红褐色，脸灰色，有白色眉纹，喉部中线明显。常在空中热气流上高高翱翔，在裸露的树枝上歇息，飞行时会悬停在空中振羽。秋冬迁徙时过境同里，仅有1~2天有机会观察到。

生境：杉林、开阔的河塘、湖岸边。

易发现指数：★

01 02 03 04 05 06 07 08 09 10 11 12

观察期 

夜鹭 鸟类

在同里成为留鸟。体长约50厘米的中型涉禽，成鸟头顶至背黑色，枕部有2~3根白羽，下体灰白，翅及尾灰色。亚成鸟整体褐色，翅膀上密布水滴状白斑。其名源自其夜间活动的习性，喜欢捕食鱼类、蛙类，甚至可捕食比一般鹭类更大的猎物。

生境：水边树林中。

易发现指数：★★★★

01 02 03 04 05 06 07 08 09 10 11 12

观察期

牛背鹭 鸟类

夏候鸟。体长约50厘米，全身雪白，仅眼前部及嘴黄色。繁殖期头、颈、胸及后背长出橙黄色羽毛。属于鹭类中脖子粗短的类群。性活泼温顺，不畏人，因常停在牛背上捕食惊飞的昆虫而得名。春、夏翻耕稻田时常能看到耕车后跟着一群牛背鹭。在同里，4~10月数量极多。

生境：农田、草地、浅滩上捕食，杉林顶筑巢。

易发现指数：★★★★

01 02 03 04 05 06 07 08 09 10 11 12

观察期

池鹭　鸟类

夏候鸟。体长约45厘米，背部黄褐色，下体白色，头颈及胸布满黄褐色纵纹。繁殖期则套上了栗红色的头套，背部披上蓝黑色蓑羽。白色的翅和尾飞行时与身体对比明显。喜欢白天单独活动或集成小群，性胆大，不畏人。在同里，4~10月数量极多。

生境：稻田、鱼塘、荷塘等水滨湿地。

易发现指数：★★★★

	01	02	03	04	05	06	07	08	09	10	11	12
观察期				●	●	●	●	●	●	●		

救荒野豌豆　草本

一或二年生草本。小叶片对生于叶柄上，有裂成二叉状的能攀缘的卷须。春季开紫红色蝶形花。果实为细长的豆荚。优良牧草，有豆科特有的固氮能力，可翻入土中作为绿肥。幼嫩茎叶可作野菜。

生境：林下、路边、宽阔草坪等。

易发现指数：★★★★★

	01	02	03	04	05	06	07	08	09	10	11	12
观察期		●	●	●	●	●	●	●	●	●	●	
花期				●	●	●						
果期		●	●	●	●	●	●	●	●	●	●	

婆婆纳　草本

多分支铺散状草本，春季常见草花。叶仅2~4对，心形至卵形。花小，粉色，谢后结出肾形果实。婆婆纳的名字来源于这类植物的果实形似婆婆的针线包。原产于亚洲西部，在我国属于外来植物，具有一定的入侵性。

生境：林下、草坪、沟边等。

易发现指数：★★★

	01	02	03	04	05	06	07	08	09	10	11	12
观察期		●	●	●	●	●	●	●	●	●		
花期			●	●	●							
果期				●	●	●	●					

阿拉伯婆婆纳 草本

多年生草本。茎上生柔毛。卵圆形叶片边缘钝齿状。蓝紫色的小花直径不足1厘米，但已是三种常见婆婆纳中花最大的。4枚花瓣成“十”字形，有明显的纵纹。结肾形果实。原产亚洲西部，分布广，属于外来种，是早春最先开花的草本植物之一。

生境：林下、草坪、沟边等。

易发现指数：★★★★★

	01	02	03	04	05	06	07	08	09	10	11	12
观察期		●	●	●	●	●						
花期			●	●								
果期			●	●	●							

直立婆婆纳 草本

一年生草本。不分枝或铺散分枝，茎直立生长，区别于另两种。蓝色或蓝紫色小花直径2~3毫米，是三种婆婆纳中最小的。原产欧洲，属于外来种，后在其他地方被归化，拥有顽强的生命力，是早春开花的草本植物。

生境：路边、草坪绿化带等。

易发现指数：★★★★

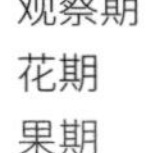

	01	02	03	04	05	06	07	08	09	10	11	12
观察期		●	●	●	●	●	●	●				
花期				●	●	●						
果期				●	●	●						

猪殃殃 草本

蔓生或攀缘状草本，植株矮小柔弱。茎有4棱角。全草布满倒生小刺毛，依靠这些倒刺攀附在粗糙的物体上，也很容易勾住衣服甚至划破皮肤。叶片条状倒披针形。花极小，绿色，不易观察。因猪食用后会引起肠胃不适而得名，但幼苗可当野菜食用。

生境：沟边、湖边、林缘、草地。

易发现指数：★★★★★

	01	02	03	04	05	06	07	08	09	10	11	12
观察期		●	●	●	●	●	●	●	●	●	●	
花期			●	●	●	●	●					
果期				●	●	●	●	●	●			

宝盖草

草本

一或二年生草本，高10~30厘米。叶片圆形或肾形。花序梗上每层6~10朵小花轮生，花冠紫红或粉红色，形似小宝瓶，顶端裂片上翘，如同将扣未扣的瓶盖。春季常见草花，叶具香味。

生境：路旁、林缘、沼泽草地及宅旁等地。

易发现指数：★★★

	01	02	03	04	05	06	07	08	09	10	11	12
观察期			●	●	●	●	●	●	●	●		
花期			●	●	●							
果期							●	●				

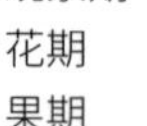

泥胡菜

草本

一年生草本植物，高可达100厘米。茎直立但纤细，有稀疏的蛛丝毛。叶片上面绿色，下面灰白色，深裂成羽状。头状花序紫色或红色，由一层层绿色的苞片包裹，只露出顶端粉红色的花冠裂片。江浙地区常用泥胡菜作为青团的原料，也可将其作为野菜。

生境：林缘、林下、草地、田间、河边、路旁等均能生长。

易发现指数：★★★★

	01	02	03	04	05	06	07	08	09	10	11	12
观察期	●	●	●	●	●	●				●	●	●
花期			●	●	●	●						
果期				●	●	●						

水芹

草本

多年生草本植物。叶片与芹菜相似。夏季开花，白色小花一团一团组成伞状。名为"芹"但实际不同于芹菜，与胡萝卜、小茴香和孜然关系更近，是为数不多的中国原产蔬菜。茎秆爽脆，香气浓郁，苏南地区"水八仙"之一。

生境：浅水低洼地方或池沼、水沟旁。

易发现指数：★★★

	01	02	03	04	05	06	07	08	09	10	11	12
观察期				●	●	●	●	●	●	●		
花期						●	●	●	●			
果期								●	●	●		

附地菜　　草本

一或二年生草本。早春常见草花，花期甚长。一般不超过30厘米高，有粗糙的毛。基部叶片莲座状，匙形，茎上叶长圆形。花序生在茎顶，幼时卷曲，后渐次伸长，开出淡蓝色且中心具黄圈的美丽小花，是点缀花园的不二选择。

生境：草地、林缘、路边。

易发现指数：★★★★★

	01	02	03	04	05	06	07	08	09	10	11	12
观察期			●	●	●	●	●	●				
花期			●	●	●	●						
果期					●	●	●	●				

通泉草　　草本

一或二年生草本。植株低矮，在体态上变化幅度很大，分枝多。叶倒卵状匙形，边缘有不规则的粗齿或浅羽裂。花白色、紫色或蓝色，有明显的黄色斑点。传说长通泉草的地方必有地下水。

生境：湿润的草坡、沟边、路旁及林缘。

易发现指数：★★★★★

	01	02	03	04	05	06	07	08	09	10	11	12
观察期			●	●	●	●	●	●	●	●		
花期			●	●	●	●	●	●	●			
果期				●	●	●	●	●	●	●		

绶草　　草本

多年生草本。常现身于人工草坪的小型地生兰。茎较短，近基部生着2~5枚宽披针形叶片。花茎直立，10~25厘米高，总状花序上粉红色小花成螺旋状排列，盘旋而上，因而又名盘龙参。

生境：低矮草甸，人工草坪上也常见。

易发现指数：★★

	01	02	03	04	05	06	07	08	09	10	11	12
观察期			●	●	●	●	●	●	●	●		
花期				●	●	●	●					
果期					●	●	●	●				

鼠麴草

草本

一或二年生草本，10~40厘米高。茎基本直立，被白色厚棉毛。倒卵状匙形的叶片两面均有白色棉毛，状似鼠耳。头状花序在枝顶密集，花色浅黄如米麴。清明时节可采集幼嫩茎叶制作青团。

生境：路边、田边、湿润草地上。

易发现指数：★★★

	01	02	03	04	05	06	07	08	09	10	11	12
观察期		●	●	●	●	●	●	●	●	●	●	
花期			●	●	●	●						
果期								●	●			

荠菜

草本

一或二年生草本。直立生长，基部叶片两侧对称裂成羽状，茎上叶片窄披针形或披针形。“十”字形白色小花在花茎上自下而上、自外而内渐次开放，结实后果实常呈心形，十分容易辨认。幼嫩茎叶是春季美味的野菜。

生境：田边、路旁、草地。

易发现指数：★★★★

	01	02	03	04	05	06	07	08	09	10	11	12
观察期	●	●	●	●	●	●	●	●				
花期		●	●	●								
果期				●	●	●						

泽陆蛙

蛙类

夏季最为常见的蛙类之一。体长小于60毫米，背部有数条长短不一的纵肤褶，褶间、体侧及后肢背面有小疣粒。成蛙主食昆虫，喜欢夜间觅食。夏季大雨后常集群繁殖，卵粒成片浮于水面或黏附在植物枝叶上。

生境：池塘岸边、水田路旁。

易发现指数：★★★★★

	01	02	03	04	05	06	07	08	09	10	11	12
观察期					●	●	●	●	●	●		

蜈蚣

昆虫

常见的有红头、青头、黑头三种。身体多节，每一节均长有步足。脚呈锐利钩状，先端有毒腺口，能排毒汁。被其蜇伤后，毒液顺毒腺口注入被咬者皮下导致中毒，因毒素不强，会造成疼痛但通常不会致命。

生境：潮湿阴暗的地方。

易发现指数：★★★

01 02 03 04 05 06 07 08 09 10 11 12

观察期

黄脉翅萤

昆虫

成虫体长6~7毫米，头黑色，前胸背板及鞘翅均为橙红色，鞘翅末端黑色，还有一条明显隆脊由肩角延伸至鞘翅中部。江浙地区最常见的萤火虫之一。幼虫陆生，捕食蜗牛，发生季节可见雄虫飞行发光。

生境：潮湿的草丛和树林中。

易发现指数： 

01 02 03 04 05 06 07 08 09 10 11 12

观察期

条背萤

昆虫

成虫体长8~11毫米，头黑色，触角黑色，丝状，有几乎占据整个头部的发达复眼。鞘翅、前胸背板、胸腹部均为橙黄色。幼虫捕食淡水螺类，成虫喜欢在水面飞行。

生境：幼虫水生，栖息于湖泊、各种水塘。

易发现指数：★★

01 02 03 04 05 06 07 08 09 10 11 12

观察期  

饰纹姬蛙 蛙类

体型较小的无尾两栖类动物，体长一般不超过3厘米，整体棕褐色，背部比较光滑，有2个深棕色的“八”形斑，跳跃能力极强。幼体半透明，刮食水草或啮食昆虫幼体。成蛙以昆虫为食，常聚集在小池塘周围。

生境：靠近水源的林下灌丛、各种水塘四周。

易发现指数：★★★

观察期 01 02 03 04 05 06 07 08 09 10 11 12

金线侧褶蛙 蛙类

中国特有种。体型稍大的蛙类，雌性比雄性更大。体背浅绿色，两侧隆起的背侧褶黄褐色。幼体褐绿色，刮食水草等。成蛙喜欢匍匐在塘内杂草间或莲叶上，捕食昆虫，包括蝗虫、蚜虫、蝇等大量害虫。

生境：河塘岸边的水草丛中，有时趴于浮水植物叶片上。

易发现指数：★★★★

观察期 01 02 03 04 05 06 07 08 09 10 11 12

迷卡斗蟋 昆虫

即人们熟知的“蛐蛐儿”，广泛分布于全国各地。通体黑褐色，头顶部宽圆饱满，后有6条黄色短条纹，翅膀黑色。善于掘洞或利用现成瓦砾石块缝隙而居。每到夏天，雄性为了求偶会不间断地鸣叫，直到深秋才逐渐停止，是最常见的用来斗蟋蟀的品种之一。

生境：地面、土堆、石块和墙隙中。

易发现指数：★★★★★

观察期 01 02 03 04 05 06 07 08 09 10 11 12

黄脸油葫芦 昆虫

体型较大的蟋蟀，通体黑褐色或褐色，油光铿亮。头圆球形，复眼上方有淡黄色眉状纹，颜面、翅面、侧面皆为黄色。因鸣声如同油从葫芦内倾注发出的声响而得名“油葫芦”。

生境：沟壑、岩石缝隙中和杂草丛的根部。

易发现指数：★★★★

01 02 03 04 05 06 07 08 09 10 11 12

观察期

中华树蟋 昆虫

体长20毫米左右，外观纤细修长，头小而翅宽，形似琵琶，又如碧绿的嫩竹叶。因生活在树上而得名“树蟋”。体色可随虫龄增长由浅绿色或黄绿色逐渐变黄，头后带有红褐色细纹，覆翅长且呈半透明，像一层薄薄的翠纱。有3对细长的足，善行走跳跃，也能飞翔。雌虫比雄虫胖且短，不能鸣叫。

生境：植物茎干及叶片上。

易发现指数：★★★★

01 02 03 04 05 06 07 08 09 10 11 12

观察期

蟪蛄 昆虫

即人们常说的“知了”之一，体型较小（长约2.5厘米）。成虫整体暗绿色，有黑色斑纹，前翅有少量半透明斑，后翅边缘为黑色。成虫出现于5~8月，生活在平地至低海拔地区树木枝干上。夜晚有趋光性，会“哧—哧”鸣叫。

生境：常栖息于树干上，刺吸茎干汁液。

易发现指数：★★★★★

01 02 03 04 05 06 07 08 09 10 11 12

观察期

梧桐

乔木

落叶乔木。树皮青绿色，故又名青桐。叶掌状心形。夏季开淡黄绿色小花，花序圆锥状。果实成熟后裂成叶状，种子炒熟后可食用。梧桐是我国最早的有诗文记载的著名树种之一，有着重要的生态价值和文化价值。

生境：路旁，人工栽培。

易发现指数：★★★★★

	01	02	03	04	05	06	07	08	09	10	11	12
观察期	●	●	●	●	●	●	●	●	●	●	●	●
花期						●	●	●				
果期									●	●		

乌桕

乔木

落叶乔木。叶片为少见的菱形，秋季变黄或变红，是优良的彩叶树种。果实是冬季鸟类重要的食物来源，落叶后仍存留枝头。茎干内有白色乳汁，有毒。

生境：荷塘、混交林缘等。

易发现指数：★★★

	01	02	03	04	05	06	07	08	09	10	11	12
观察期	●	●	●	●	●	●	●	●	●	●	●	●
花期				●	●	●	●	●				
果期										●	●	●

三角槭

乔木

落叶乔木。因纸质叶片常浅3裂，中央裂片三角卵形而得名。叶背面较正面颜色浅，秋季由绿色变为黄色至红色。秋季赏叶佳木。

生境：入园处，人工栽培。

易发现指数：★★★★

	01	02	03	04	05	06	07	08	09	10	11	12
观察期	●	●	●	●	●	●	●	●	●	●	●	●
花期				●	●							
果期								●	●	●			

枫香树

乔木

落叶乔木，高可达30米。掌状叶片3裂，基部心形，叶脉清晰，边缘有波浪状锯齿。秋季叶片变黄或变红，后脱落。结毛球状果实，借助风传播种子。

生境：路旁、林缘，少量人工栽培。

易发现指数：★★★

	01	02	03	04	05	06	07	08	09	10	11	12
观察期	●	●	●	●	●	●	●	●	●	●	●	●
花期				●	●							
果期									●	●		

枫杨

乔木

落叶大乔木，胸径可达1米。树皮上有纵向深裂纹，小叶片5~8对相对着生在具窄翅的叶轴上。雌雄同株异花序，生于枝条不同位置，依靠风媒传粉。秋季雌花序上结出一串元宝状的带翅果实，十分有趣。常用的庭院树或行道树。

生境：河岸、杉林边缘等潮湿处。

易发现指数：★★★★

	01	02	03	04	05	06	07	08	09	10	11	12
观察期			●	●	●	●	●	●	●	●	●	
花期				●	●							
果期								●	●			

楝

乔木

落叶乔木。灰褐色的树皮上有纵向裂纹。叶为二至三回羽状复叶，小叶片对生。春夏之交开淡紫色花，组成圆锥状花序，极芳香。秋季果实球形，金黄色，一串一串挂在枝头，经冬不落，也是冬季备受鸟类青睐的食物。

生境：知青路路边作为行道树栽培。

易发现指数：★★★★

	01	02	03	04	05	06	07	08	09	10	11	12
观察期	●	●	●	●	●	●	●	●	●	●	●	●
花期				●	●							
果期										●	●	●

火棘

灌木

常绿灌木。枝上布满坚硬的短刺。春季开白色梅花状小花，密集成团，镶嵌在绿叶间。秋季结出成片橘红色或深红色的扁球形果实，一串一串挂在枝头，成为各种鸟类和其他小动物酸甜可口的美食。

生境：向阳灌丛草地及河沟路旁。

易发现指数：★★★

	01	02	03	04	05	06	07	08	09	10	11	12
观察期	●	●	●	●	●	●	●	●	●	●	●	●
花期			●	●	●							
果期								●	●	●	●	

北方艾蕈甲

昆虫

体黑色，有光泽，背面极隆起，触角粗壮，鞘翅具4枚橘红色斑点。

生境：常在云芝、树舌等大型真菌上取食菌体。

易发现指数：★★★

	01	02	03	04	05	06	07	08	09	10	11	12
观察期					●	●	●	●	●	●	●	

红嘴鸥

鸟类

冬候鸟。体长约40厘米，特征如其名，红嘴，最前端黑色，脚红色。非繁殖期整体浅灰色，翅尖黑色，繁殖期头戴巧克力色头盔。出生第一年的冬羽有所不同，翅膀上有褐斑，尾端黑色。喜欢集大群在水域上空飞翔或水中浮游。

生境：开阔的澄湖水面。

易发现指数：★★★

	01	02	03	04	05	06	07	08	09	10	11	12
观察期	●	●	●							●	●	●

红头潜鸭

鸟类

冬候鸟。体长约45厘米。雄鸟头颈栗红色，身披黑—银—黑的撞色羽衣，嘴同样黑灰相间。雌鸟整体灰褐色，脸上具白色斑驳纹路，嘴黑色有铅灰色斑。通过潜水方式捕食。

生境：开阔的澄湖水面。

易发现指数：★

01 02 03 04 05 06 07 08 09 10 11 12

观察期  

普通鵟

鸟类

冬候鸟。体型略大(约55厘米)。雌雄同型，体显圆胖，体色多变。上体黄褐色，腹部具褐色斑块。翅膀宽大，翅尖黑色，尾羽飞行时张开呈扇形。常在空中热气流上高高翱翔，时而悬停在空中振羽。

生境：草本沼泽保育区及园区内森林上空。

易发现指数：★

01 02 03 04 05 06 07 08 09 10 11 12

观察期 

凤头䴙䴘

鸟类

冬候鸟。体长约50厘米。头顶具2撮黑色冠羽，上体黑褐色，脸至胸腹白色，颈纤长。繁殖期颈侧戴上了红棕色鬃毛状的“大耳环”。喜欢成对或集小群活动，善于游泳及潜水。

生境：开阔的澄湖水面。

易发现指数：★★★★

01 02 03 04 05 06 07 08 09 10 11 12

观察期  

扇尾沙锥

鸟类

冬候鸟。体长约26厘米的小型涉禽。嘴长约为头长2倍。肩背两侧有宽而长的白色纵条纹，翅下大面积为白色，有少量斑纹。多于晨昏活动，白天隐匿于草丛。被惊扰时常躲在草丛中，然后突然飞出，时而急转弯，呈“S”形飞行。

生境：草本沼泽保育区内的沼泽、泥滩，水田。

易发现指数：★★★

01 02 03 04 05 06 07 08 09 10 11 12

观察期 

绿头鸭

鸟类

冬候鸟。体长约58厘米。雄鸟头颈深绿色而具金属光泽，有白色颈环，中央尾羽卷曲上翘，嘴黄色。雌鸟整体褐色，贯眼纹明显，橙黄色嘴上有黑色斑块。常常几百只至几千只集群越冬。雄鸟具有强烈的求偶炫耀行为。

生境：澄湖、草本沼泽保育区水塘。

易发现指数：★★

01 02 03 04 05 06 07 08 09 10 11 12

观察期 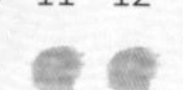

卷羽鹈鹕

鸟类

旅鸟。体型硕大，体长170厘米左右。体羽灰白色，嘴长且粗壮，尖端向下弯曲，具有黄色的喉囊（繁殖期间鲜橙色），飞羽尖端黑色，颈背少量羽毛卷曲，起飞和降落时显得笨重。在同里偶见过境。

生境：偶见澄湖湖面停留。

易发现指数：★

01 02 03 04 05 06 07 08 09 10 11 12

观察期 

斑嘴鸭

鸟类

冬候鸟。雌、雄体色相似，黑褐色，具鳞状纹。嘴黑，前端有黄斑。脸及前颈白，有黑色贯眼纹。越冬时喜欢集群生活，配对后组成松散小群。雌雄配对后关系能维持较长时间。

生境：草本沼泽保育区内的开阔水塘。

易发现指数：★★★

01 02 03 04 05 06 07 08 09 10 11 12

观察期

骨顶鸡

鸟类

冬候鸟。体长约40厘米，整体黑色，嘴及前额为白色，故别名白骨顶。喜欢白昼活动，有时与鸭类混群，善于涉水、游泳，常潜入湖底找食水草。

生境：草本沼泽保育区内的开阔水塘。

易发现指数：★★★

01 02 03 04 05 06 07 08 09 10 11 12

观察期

白胸苦恶鸟

鸟类

叫声好似“苦啊苦啊”的夏候鸟。体长约33厘米，头顶至尾及两翅全为黑色，只有两颊至腹部为白色，仿佛身穿西式小礼服。黄色的嘴上有一块明显的红斑。白天藏于草丛，早晚出来觅食，善于步行、游泳及涉水，晚上常在矮枝过夜。

生境：荷花塘、芦苇地等水草茂盛的区域。

易发现指数：★★★★

01 02 03 04 05 06 07 08 09 10 11 12

观察期

棕头鸦雀

鸟类

留鸟。体型纤小(长约12厘米)，嘴小似山雀，头顶及两翅红棕色，脸淡褐色。活泼而好结群，常在林下植被及低矮树丛间停驻。发出轻"呸"声容易引出此鸟。

生境：树林边缘及林下灌木丛、芦苇湿地附近。

易发现指数：★★★★★

01 02 03 04 05 06 07 08 09 10 11 12

观察期

白腰文鸟

鸟类

留鸟。体长约11厘米，上体深褐色，有尖形的黑色尾。因腰部为白色而得名白腰文鸟。性喧闹，叫声活泼，喜结成小群生活。

生境：树林边缘、灌木丛、芦苇湿地附近。

易发现指数：★★

01 02 03 04 05 06 07 08 09 10 11 12

观察期

罗纹鸭

鸟类

冬候鸟。比家鸭略小。雄鸟头顶栗色，脸及颈侧闪亮绿色，喉部白色，且具黑环，全身布满各种类型的纹路。雌鸟整体褐色，有波纹状斑，颈短头大。实行一雌一雄制，繁殖期离群活动。

生境：开阔的澄湖湖面。

易发现指数：★★★★

01 02 03 04 05 06 07 08 09 10 11 12

观察期 

北红尾鸲

鸟类

冬候鸟。体型小巧（长约15厘米）而色彩华丽。雄鸟头顶银灰色帽子，背披黑色小礼服，圆滚的腹部及尾上覆羽为亮眼的橙红色。雌鸟与雄鸟形态相似，但整体色彩较淡，偏灰褐色。喜欢立于凸出的栖处，尾颤动不停。

生境：樟林、混交林、落叶矮树丛。

易发现指数：★★★

01 02 03 04 05 06 07 08 09 10 11 12

观察期

红胁蓝尾鸲

鸟类

冬候鸟。体型娇小（长仅15厘米左右）。雄鸟格外漂亮，上体亮蓝色，两胁亮橙色，眉纹银白色。雌鸟则较暗淡，整体棕褐色，只是少量蓝色显示与雄鸟对应的“情侣装”。常在林下低处跳来跳去，待在树梢时喜欢抖动尾巴。

生境：樟林、混交林、矮灌丛间。

易发现指数：★★

01 02 03 04 05 06 07 08 09 10 11 12

观察期  

斑鸫

鸟类

冬候鸟。中等体型(约25厘米)，整体黄棕色，有白色眉纹，腹部布满鳞状斑纹。叫声轻柔、尖细又悦耳。冬季常成大群迁徙。10月至次年1月在同里大量出没。

生境：开阔的多草地带、樟林、混交林及林下。

易发现指数：★★★

01 02 03 04 05 06 07 08 09 10 11 12

观察期   

致谢

感谢城市荒野工作室、绎刻自然工作室、萤火虫生态工作室在生态环境调查、解说资源梳理和图文素材收集中给予的支持。

感谢同里国家湿地公园为本书编写提供的资金支持，以及在本书编写过程中给予的行政和技术支持。